U0325884

築苑·乡土聚落

006

主编 范霄鹏 赵之枫

中国建材工业出版社

图书在版编目(CIP)数据

乡土聚落/范霄鹏，赵之枫主编．—北京：中国建材工业出版社，2017.9

（筑苑）

ISBN 978-7-5160-1987-0

Ⅰ.①乡… Ⅱ.①范… ②赵… Ⅲ.①乡村地理-聚落地理-建筑科学-基本知识 Ⅳ.①TU1 ②C912.82

中国版本图书馆CIP数据核字（2017）第197623号

筑苑·乡土聚落

范霄鹏　赵之枫　主编

出版发行：中国建材工业出版社

地　　址：北京市海淀区三里河路1号

邮政编码：100044

经　　销：全国各地新华书店

印　　刷：北京天恒嘉业印刷有限公司

开　　本：710mm×1000mm　1/16

印　　张：13.25

字　　数：240千字

版　　次：2017年9月第1版

印　　次：2017年9月第1次

定　　价：59.80元

本社网址：www.jccbs.com　　微信公众号：zgjcgycbs

本书如出现印装质量问题，由我社市场营销部负责调换。联系电话：(010)88386906

以心築苑
人作天開

築苑叢書雅存
丁酉端午
孟兆禎

孟兆祯先生题字

中国工程院院士、北京林业大学教授

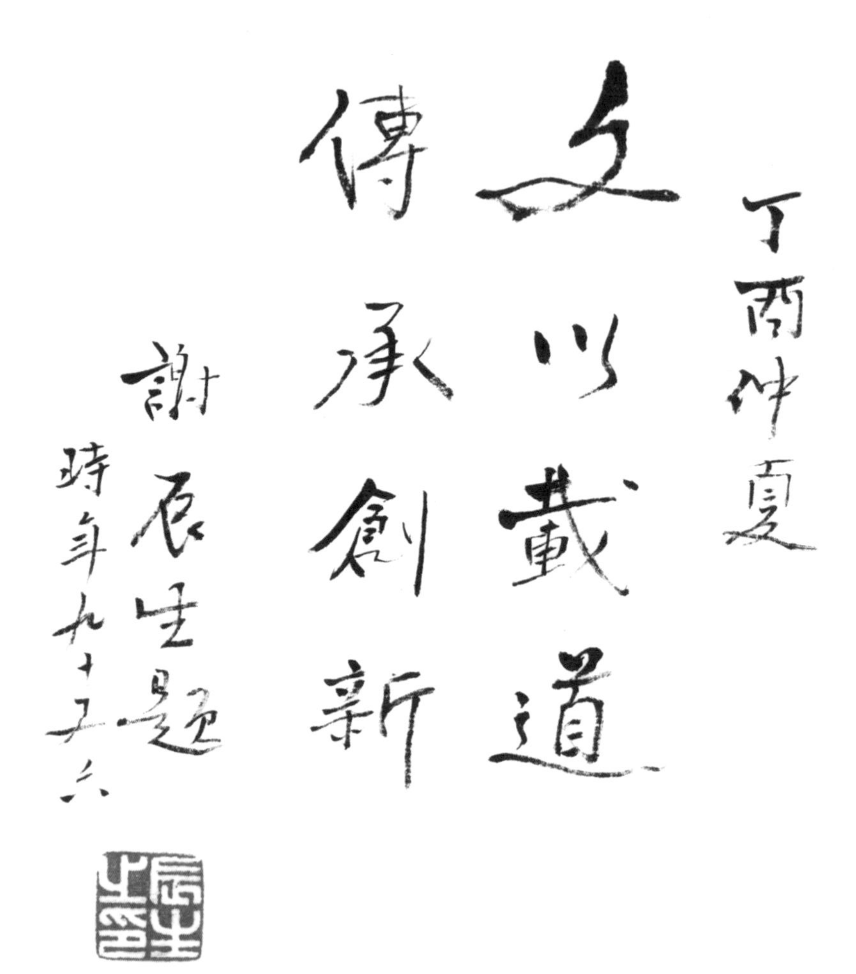

谢辰生先生题字

国家文物局顾问

筑苑·乡土聚落

投稿邮箱：zhangqu@jccbs. com
联系电话：010-88376510
传　　真：010-68343948

筑苑微信公众号

目　录

烽烟忆古堡，石檐映崇山

长城沿线成边聚落

引言

明初以来，长期而深刻的外患危机，对北京防务及明王朝的生存构成了严重的威胁，迫使明廷在长城沿线驻守重兵，并以“卫”、“所”、“寨”等不同规模的军事建制形成以军事为中心的人口聚居，进而演化出独特形态的聚落体系。清军入关后，长城及其周边的堡寨失去了军事价值。按照前朝的屯田经验，大多数堡寨逐渐从军用转向民用，演化为当今的村落。

北京地区的长城沿线成边聚落是整个长城聚落的有机组成部分，由于临近京畿地区，具有典型意义。北京市昌平区流村镇长峪城村就是此类聚落的代表之一。

壹 长城防御体系中的堡寨

■ 北京地区的长城

北京筑长城始于战国，历经北魏、北齐，到明朝达到高潮，修筑长城成为举国大事。明洪武元年（1368 年），朱元璋命令徐达主持修筑居庸关、古北口、喜峰口等处长城。从此，首先在北京北部旧长城沿线建起了隘口、哨所，为以后大规模修建长城打下了基础。明永乐十九年（1421 年）迁都北京后，在明朝统治的二百七十多年间，北京始终处于民族政治、军事斗争的前沿，保卫北京的安全是明朝军事工作的重要任务。明廷将七八十万京营军驻扎京师，筑长城、修城池，加强北京的警备，工程连年不断，前后用时达 200 年之久，形成了一个庞大的军事防御体系，成为保卫北京的一道屏障。

自明朝建立后百余年间，退居漠北的蒙古（元朝）残余势力伺机南下，成为明代的严重边患。明朝统治者不得不在东起鸭绿江，西抵嘉峪关，绵亘万里的北部边防线上相继设立了辽东、宣府、蓟州、大同、太原、延绥、宁夏、固原、甘肃九个边防重镇，史称“九边重镇”，作为明朝同蒙古残余势力防御作战的重要战线。北京地区的长城戍卫由宣府镇和蓟州镇统领东西两路管理。后新增昌平镇，总兵驻昌平（今北京昌平区）。管辖的长城是从原蓟州镇防区划出的渤海所、黄花镇、居庸关、白羊口、长峪城、横岭口、镇边城诸城堡长城线，其东北起于慕田峪关东界，西至紫荆关，全长 230 公里（图 1）。

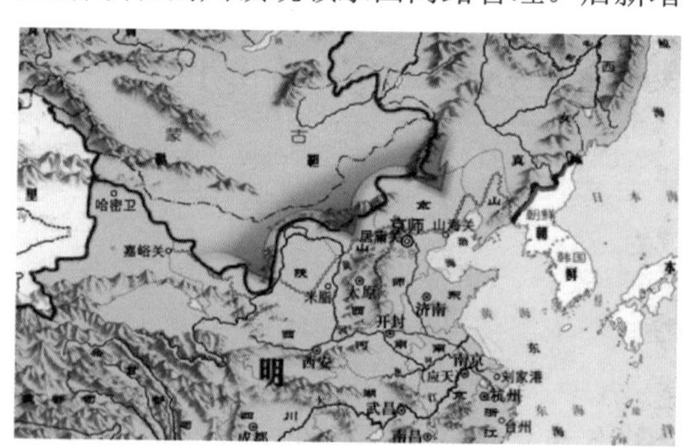

图 1　明长城示意

■ 长城防御工程体系

长城不是一道单独的城墙，而是由城墙、敌楼、关城、墩堡、营城、卫所、镇城、烽火台等多种防御工事所组成的一个完整的防御工程体系。明朝长城沿线常有“五里一墩、十里一堡”的说法，有沿边墙的堡，也有边墙内外纵深排列的堡。

明朝军队的编制采用卫所制，一郡者设所，连郡者设卫。大抵以 5600 人为 1 卫，1120 人为 1 千户所，112 人为 1 百户所。百户所下设 2 个总旗，每个总旗下设 5 个小旗。在明代长城的防御管理体系中，还有“路”这样的机构。结合这样的军队建制，长城分别以敌楼、关城、墩堡、营城、卫所、镇城等多种防御工事所组成的一个多级累叠的完整防御工程体系。

长城沿线戍边城堡形态特征突出反映其军事防御工程的特点，在高大坚实的城墙内是整齐划一的建筑。城堡多为矩形，也有一些根据地形和防卫的需要，为自由形态，如古北口、曹家路等，其大小通常依卫所（如渤海、永宁）、营城（如四海、白河堡、曹家路、大水峪、黄花城）、墩堡和关城（如二道关城、小口村堡、鹞子峪等）分等。卫所城堡周长通常在 3000 ～ 4000 米左右，规模相当于内地的县城；营城堡周长通常在 1000 ～ 2000 米左右，城内设十字街，城外有校场和屯田；关城多设于重要关隘处，堡周长基本上在 240 ～ 350 米之间，是长城沿线数量最多的城堡类型。

贰 防卫视角下的村落格局

■ 村庄概况

长峪城村位于北京市昌平区流村镇西北部，西邻门头沟区和河北省怀来县，北临延庆，地处两地四县的交界处（图 2）。长峪城建于 1520 年，1537 年扩建，距明长城约 4 公里，为明代长城戍边城堡中的“营城”，位置险要，是从延庆进京的一个要道。原为驻守士兵之用，在以后的变迁中逐渐形成了村落。2013 年长峪城村入选中国传统村落名单。全村现有住户 205 户，378 人。

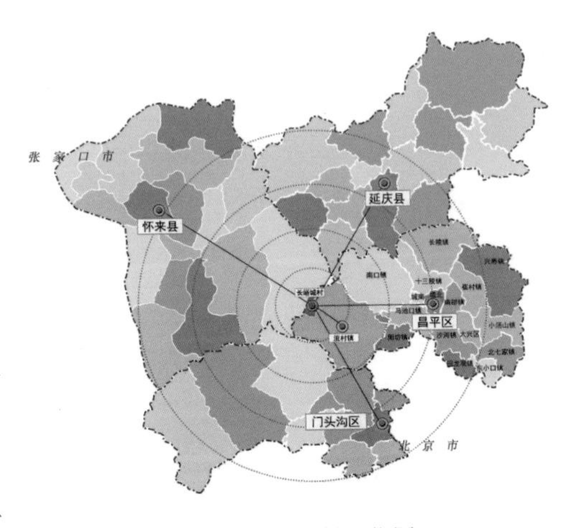

图 2　长峪城村区位图

■ 村庄历史

明代以关沟居庸关为轴心，向东西两侧分布了多处军事设施，形成了京西北军事防御体系，由东北至西南方向分别布置永宁城、黄花城、岔道城、居庸关城（上关城）、南口城、白羊城、长峪城、横岭城、镇边城、沿河城，共10城(图3)。

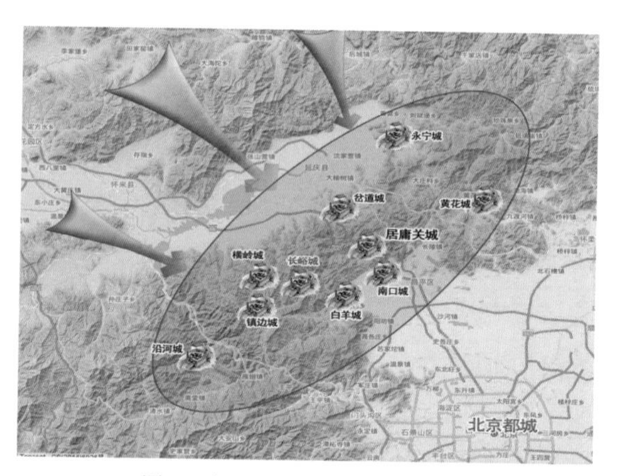

图3　京西北10城军事防御体系

明正统元年（1436年）和正德九年（1514年），蒙古骑兵两次从白羊沟方向侵入昌平州，兵临北京城。正德十五年（1520年），同时修建了镇边城（今河北怀来）、长峪城和白羊城，称作“边关三城”。按走向，白羊沟在东，长峪城居中，镇边城扼西，形成三城拱卫之势，成为京西防御体系中关沟以西的重要军事防卫之地。边关三城皆有长城相连，东段过黄楼洼长城，进入居庸关（昌平镇）段，西段过大营盘（宣府镇）段，与河北、山西段的长城相连。

■ 村落形态

长峪城村分为旧城（北城）和新城（南城）两部分（图4）。

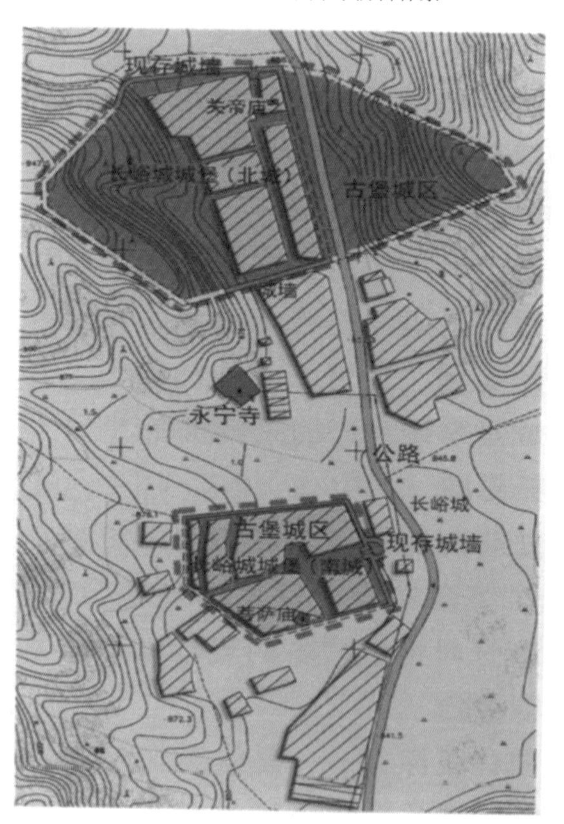

图4　新城与旧城关系

旧城建于明正德十五年。据史料记载，长峪城“城堡一座，东西跨山。其城上盘两山，下据两山之冲，为堡城。高一丈八尺，周围三百五十四丈，城门二座，水门二空，敌台二座，角楼一座，城铺十间，边城四道，护城墩六座。”可以看出，当时的城墙高 5 ～ 6 米，周长为 1100 米。旧城建于山沟的沟口，整座城横跨东西两山，将山口封堵，卡守两山之冲（图 5）。此山沟名长峪沟，沟口下宽 122 米，中间有节河道穿过。长峪城采取连接两山，在两山最高点设置控制点，以这两点向下分叉在沟内与南北城门对接，并与高处的敌台相连，围合形成城堡。现存的城墙高 3 ～ 5 米，有收分，下部宽约 5～6 米，上部宽约 4～5 米，墙体上部有垛墙。旧城的大小约为 5.6 公顷，主要功能为军事防御（图 6）。

图 5　旧城选址示意图

图 6　旧城复原示意

城的平面为不规则形，随山就势，南北向的南北城墙各有一个城门，两门间为通道。城的东侧还有一条南北向的内城墙，将东山脚下的季节河道分离形成水道，在城门建有水门，用以疏通山水通过。北城门为北向，因向外有迎敌的需要，门外筑有瓮城，城门为单孔，地面道路用山石铺砌（图 7）。

图 7　旧城北门

新城建于明万历年间，位于旧城之南。明中后期，经过明嘉靖时期和隆庆时期的修建，长城已连为一体，起到了防御作用，因此长城内侧的城堡所担负的阻敌作用削弱很多，城堡也不再采用两山加一冲的形式，而是依山而建。故长峪城新城亦是依山而建，不是扼控山口，而是坐拥一侧，坐西朝东，其功能有别于旧城，主要功能是驻兵。新城位于西山山披上，居高临下，城的平面近似方形。新城长为 136 米，宽 120 ～ 126 米，面积约 1.6 公顷。现存城墙最高在 3 米左右，为山石垒砌。城内地势依山而建，形成东低西高的地势。东部设有一座城门，在东墙的中间位置，设有瓮城，南向有门。在城门外另筑瓮城是明代城防体系的普遍做法。城门、瓮城门与瓮城形成一个整体建筑，构筑在一个台地上，出瓮城门即是一个坡道下行。东城门亦为单孔（图 8、图 9）。

新城与旧城两城相距约 238 米，相互照应，互为犄角。新城从位置和规制上看，是作为长峪城旧城的辅助之用，用以增援和扩容。

烽火台是游离于城之外的单体建筑。长峪城附近现存三座烽火台，其位置相对较高，毛石干砌，平面为矩形，构成了长峪城军事防御体系的组成部分（图 10）。

随着多年的发展，村落陆续向城堡外扩张，又形成了南大园、东窑等片区（图 11 ～ 图 13）。

图 8　新城复原示意

图 9　新城城门

图 10　烽火台

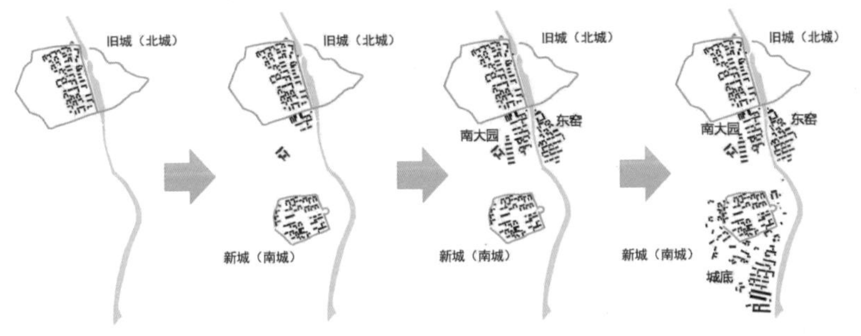

图 11　村落演变示意图

图 12　村落现状鸟瞰

叁 宜军宜民的村落空间

■ 村落格局和民居建筑

长峪城村属深山型村落，沟壑纵横，山川形胜极为丰富。长峪城北部即为太行山脉，同时离村北不远处便是昌平区海拔最高点山峰，长峪城村东西两侧为东山和西山，由北部水库连接的河流绕村而下，形成了中国古代典型的山水选址格局。村落格局也遵循着北方山区传统村落的形态特征（图 14、图 15）。

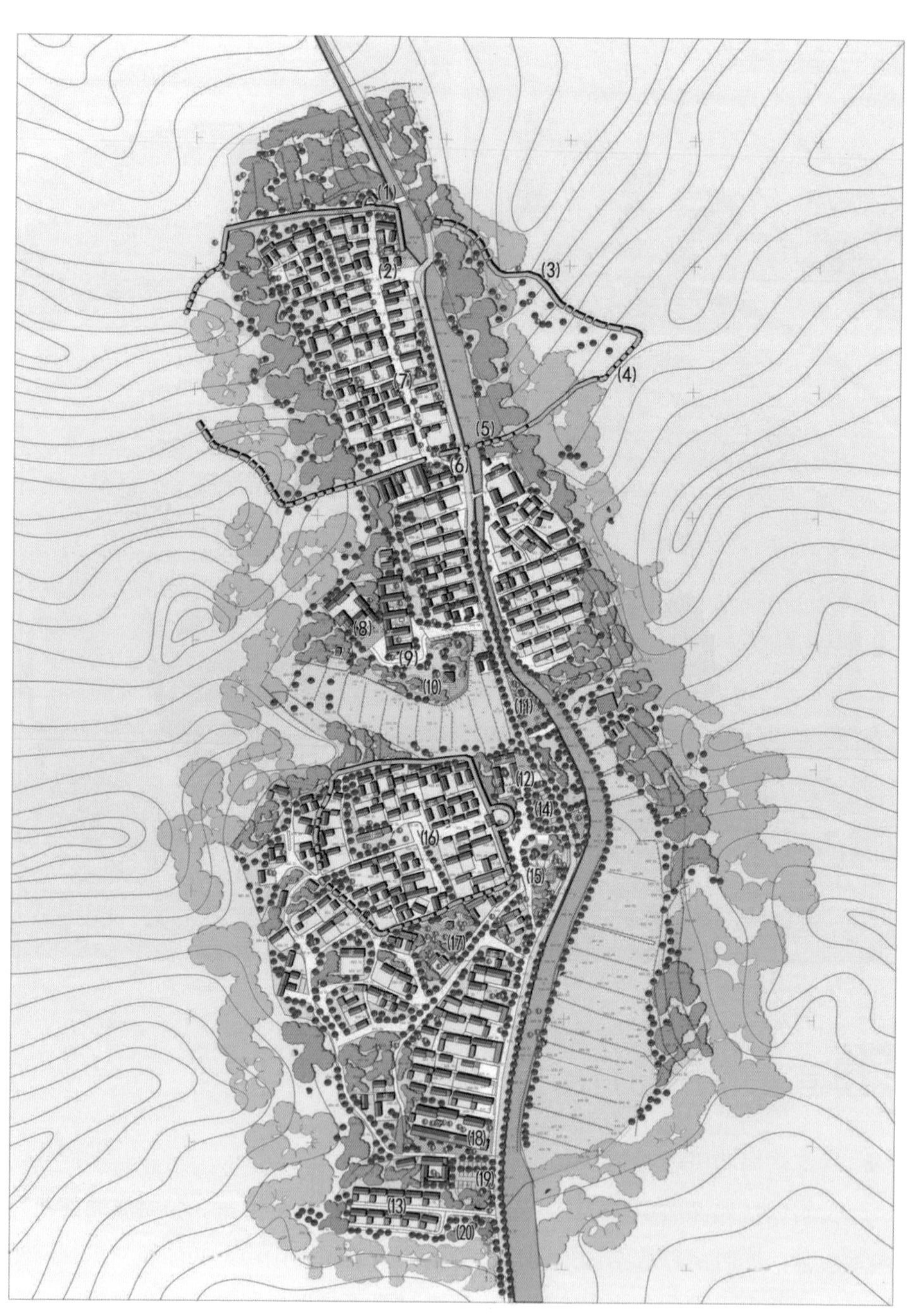

图 13　村庄规划总平面图

图 14　村庄规划鸟瞰图

旧城南北两城门之间，是一条南北向的主要街道，街道两侧为排房式民居，保留着当年军营式的建筑形式。多数的民居建筑形式为传统建筑样式，青砖布瓦。为了节省砖料，墙腿使用青砖、墙芯使用石块为建筑材料。因地制宜，就地取材，节省工料，具有本地特色（图 16）。

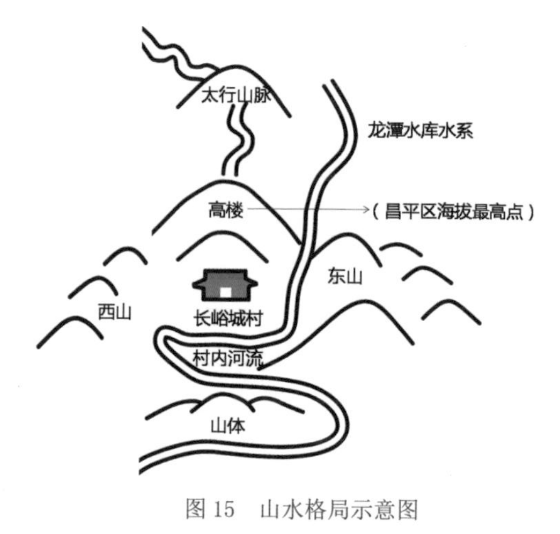

图 15　山水格局示意图

图 16　街巷与民居

■ **公共建筑**

长峪城是屯兵驻防的城堡。据史料记载，长峪城的军马配备为军士（含步军、马军、鼓手、杂差军、砖窑军等）445 名，马 21 匹。设有相应的公共建筑，包括官厩、社学、仓场、草场、校场等（目前已没有留存），服务于长期驻守在这里的军队。

城堡内有大量的人员生活在其中，且战争不是每日都在进行，军士和后勤保障人员的日常生活中，庙宇必不可少。

明代长峪城内的寺庙有城隍庙、关帝庙、玄帝庙、菩萨庙。村内现存的规制较为完整的宗教建筑有三座，即永兴寺、关帝庙、菩萨庙。

永兴寺，始建于明代，是村内最大的一座寺院，也是邻近地区规模最大且建制最全的一座寺庙，具有北方祭祀建筑特点。永兴寺坐落在新城与旧城之间，原是一座道教建筑，后改为佛教建筑。前后有两个院落，东西有钟鼓楼二楼，后院还有戏楼，是一座功能设施齐全的民间寺院。中轴线上有山门、前殿和后殿。二进院落，东侧建有东茶房、钟楼和东配殿；西侧建有西茶房、鼓楼和戏台。前殿左右有便门通向后院。山门前西侧有一株榆树，枝干粗硕，树冠浓密，为当地少见的高大树木。尤其是寺院内有钟鼓二楼和一座戏台，显示其不是一般村庙，而是具有一定等级的建筑（图 17 ～图 19）。

图 17　永兴寺外观及门前榆树

图 18　永兴寺后殿

图 19　永兴寺内戏台

永兴寺坐北朝南，居高临下，寺后有一座小山作为龙脉，此山向西延伸融汇于太行山中。在寺的西侧有一道山梁作为环卫之砂，寺前方有一条山沟，夏季的雨水从寺院前流过，远处的山峰作为案山之用。这几个要素，共同组成了永兴寺的形胜之势。

关帝庙位于村北旧城内，距北城门约 30 米，北侧是城内的分隔墙，此庙坐北朝南，面阔三间。此庙原有院墙和山门，现已无存。

菩萨庙位于村南新城内，建筑年代不详，此庙坐南朝北，面阔三间。

■ 民俗文化

长峪城村目前仍保留着民间戏曲表演和传统灯会等民俗活动。

长峪城戏班是昌平区范围内保留至今唯一的民间戏班，戏曲形式属于“梆子”腔的类型，伴奏乐器为伴虎，高亢激昂，曲调独特，受河北、山西“梆子”风格的影响，又自成一体。戏班最昌盛的时候有七十多人，能演出七十多出戏，成为附近百姓精神生活的主要内容。

长峪城传统灯会由来已久，名为“九曲黄河灯”，这种灯的演绎法在北京昌平及延庆山区等地有流传。明代史书中就有九曲黄河灯的记载，是春节期间的一项灯饰内容。在农历正月十五举行，会期多则五天，少则三天。白天唱戏，晚上转九曲。方圆几十里的邻村老乡、亲朋好友赴会观赏（图 20）。

图 20　九曲黄河灯

结语

长峪城村是明初重要的军事防御设施、长城附属堡城，是古代京西北地区军事防御文化的独特载体，古城墙、城门、敌台、烽火台等是构成长城戍边聚落的主要特征。其依山傍水的村落格局、错落有致的街巷院落、青砖布瓦的建筑形式，体现出典型的京西北山区古村落的格局特征。有序分布其中的庙宇建筑、以“梆子戏”为代表的非物质文化遗产等则呈现出生动的社会生活体系。

参考文献

[1] 陈喆，张建．长城戍边聚落保护与新农村规划建设——以昌平长峪城村庄规划为例 [J]. 中国名城，2009(4):36-39.

[2] 陈喆，董明晋，戴俭．北京地区长城沿线戍边城堡形态特征与保护策略探析 [J]. 建筑学报，2008(3):84-87.

[3] 钧科．北京郊区村落发展史 [M]. 北京：北京大学出版社，2001.

作者简介

赵之枫，博士，注册城市规划师， 北京工业大学建筑与城市规划学院教授。

图片来源：本文插图均来自《北京市昌平区流村镇长峪城村保护发展规划》。

气候的响应与文化的交汇
雷州地区的乡土聚落

引言

在传统时期，一方面，地域之间自然地理和社会文化条件的巨大差异造就了乡土聚落与民居建筑的极大丰富性；另一方面，大一统的政治观念与不间断的经济、文化联系又使得地域间的建筑文化与技术存在着持续性的彼此影响。人口迁移与文化融合所带来的外部建造文化与地域环境条件的相互作用，会在不同程度上影响地域原有的建造系统；或者带来全新的建筑形式和建造技术体系；或者仅仅表现为对原有建造系统的修正；又或者实现两者的交互影响与融合。

雷州乡土聚落与民居主要分布在广东省雷州半岛及毗邻的内陆地区，在气候上多受台风等极端天气影响，文化上表现出多元融合的特征，造就了其独特的乡土聚落与民居建筑形态。

壹 地域自然与经济特征

雷州半岛在气候上归属于热带、亚热带海洋性季风气候区，暑季长，寒季短，光照充足，温暖多雨，降水多集中在5—9月，因此民居建筑多考虑避热、隔热、通风、排湿等方面的因素。同时因热带风暴、台风等极端气候侵扰较为严重，对聚落格局和建造体系有比较大的影响。在地形地貌方面，雷州地区地貌以和缓的丘陵和平原为主，地势比较平坦，起伏不大，海运、水运、陆路交通皆便利，有利于砖的烧造、运输和使用。地质构造史上曾经一度有频繁的火山活动，石材资源也较为丰富（图1）。

历史上雷州地区经济的发展一直与海洋息息相关。除了捕鱼、制盐、采珠等直接向大海获取资源的行业外，徐闻县在汉代就作为海上丝绸之路最早的始发港口之一，在其后的唐、宋、元时期一直是重要的海上贸易港口，丝绸和陶瓷的出口造就了商业的繁荣。唐《元和郡县图志》中载:“徐闻县，本汉旧县也，属合浦郡。纪胜雷州。其县与南崖州澄迈县对岸，相去约一百里。汉置左右候官，

图1　雷州地区的地貌与山水格局

在县南七里，积货物于此，备其所求，与交易有利，故谚曰：'欲拔贫，诣徐闻'。"[1]与出口贸易的内容相对应，历史上雷州地区长期是重要的陶瓷产地。明代后实行海禁，雷州地区的对外贸易和相关的陶瓷产业等逐渐衰落，直到清代中叶后港口贸易才重新兴盛。宋代以后，随着中原汉族移民经闽南进入雷州半岛，兴修水利，半岛的农业也渐趋发达，逐渐成为广东重要的粮食生产基地，同时甘蔗种植与制糖业也很发达，古糖寮曾经遍布雷州半岛各地。社会经济的繁荣，促进了大规模、高质量民居建筑的建造（图2）。

图2 雷州乡土聚落

在技术方面，经济的繁荣、工商业的发展、人员和物资的往来频繁，都会带来整体技术水平的进步，使得精细化的建造和精美的装饰成为可能。制陶产业中心长期的技术积累，使得砖瓦烧造产业的发展在技术和管理经验上不存在障碍。同时，随着封建社会晚期与外来文化之间较为充分的联系和交流，雷州地区的民居建筑更多地受到了外来审美风气和建造技术的影响（图3）。

---

1 出自《元和郡县图志·卷逸文卷三 岭南道·雷州》。李吉甫．元和郡县图志［M］．北京：中华书局，1983:1087.

图 3　雷州民居中外来文化的影响

贰 地域社会与文化特征

雷州民系是广东省三大民系（广府民系、潮汕民系、客家民系）之外的另一个重要的民系。雷州民系的形成，是中原汉族移民经福建莆田、闽南等地区长期持续南迁并与当地原有土著文明逐渐融合的结果，广义上属于闽海民系的一个族群，与潮汕、海南地区的族群在文化上有比较密切的联系，在地缘上亦多受广府文化的影响。同时封建社会晚期的对外贸易、租借（1899 年湛江成为法国“租借地”，时名“广州湾”）和侨商、侨工的活动，更是带来了与外来文化之间直接的联系和交流。总体上看，雷州文化融合了中原文化、闽南文化、土著文化与海洋文化的特征，呈现出保守与开放共存、多元融合的特征。一方面有很强的宗族观念和族群意识，也对新的文化形态保持较为开放的心态。反映在聚落和建筑上，则体现为既重视延续传统的文化和生活方式，又对新的建筑形式和建造技术抱持实用主义的乐观态度。

明清时期，雷州半岛地区的匪患较广东其他地区来说更为严重，且多有地方官吏与匪盗互相勾结的情形。清《光绪朝东华录》载：“土匪以游勇为党羽，游勇以土匪为窝家，并有讼棍蠹胥贿串勾结，不肖兵役包庇分赃，是以迄难破获。及因案发觉，地方官又复规避处分，讳盗为窃，饰重为轻，甚至有事主报案反被责押情事，纵恶殃民，实堪痛恨。”[1] 因此聚落和民居的防御功能非常受重视，普通民居一般都具有高大的外墙、封闭的外观和细节上的防御措施（图 4）。在火器已经得到较普遍使用的情况下，民居建筑中对墙体防御功能的重视，在一定程度上促进了砖、石建筑材料的使用。

图 4　碉楼的射击孔

雷州地区文化中的另一个重要特征，是海陆相接、耕海为生、对外贸易以及与闽南文化的密切联系所带来的海神崇拜与妈祖文化，相关的天后宫、伏波庙、龙王庙、冼夫人庙等信仰建筑历史上曾遍布雷州半岛各地（图 5）。

图 5　雷州聚落中的天后宫

叁 聚落与建筑群体

雷州乡土聚落的布局与广府聚落有相近之处，为了在湿热的气候和较大的居住密度下获得良好的通风，民居通常沿巷道规则排列，部分聚落的格局接近于广府地区的梳式布局。但由于雷州半岛气候总体受海洋影响，主导风向并非都是南北走向，而是与海陆之间的相对方位有关，因此，聚落巷道的方向

1　出自《光绪朝东华录·光绪十五年乙丑·十一月》。朱寿朋．光绪朝东华录（第三册）［M］．北京：中华书局，1958:128.

一般会考虑局部地域小气候的影响，而不是采用规则的南北向（图6）。同时因雷州地区多受台风侵扰，聚落选址常选在凹形地段或丘陵南侧，以抵御台风初期的北风，且聚落周围多有林地作为屏障。聚落的格局总体上较为规整，为防御倭寇、海盗、盗匪的威胁，雷州聚落中一般会在村头或村尾设置集体防御用的寨堡，大户人家也往往有自家的寨堡。寨堡一般有高耸的围墙，在角部设置一座或多座碉楼，并在二层沿围墙设置走马道，连接各个碉楼，碉楼设置瞭望孔和射击孔，有些聚落中还设置有围墙和壕沟（图7）。聚落中大多有晒场，一般位于村前，用于晾晒粮食，同时邻近设有池塘，供蓄水防火、灌溉、防洪之用（图8）。

图6　雷州聚落中的巷道

图7　雷州聚落中的碉楼

图8　雷州聚落中的池塘

因抵御台风、水淹和防御盗匪的需求，雷州聚落一般布局较为集中，居住密度也较高。高密度的居住条件，对于防火有较高的要求，一定程度上推动了封火山墙形式的普遍使用。同时，各户民居面向巷道较为整齐划一的单调格局，也增加了面向巷道的山墙在形式上的重要性，客观上推动了山墙形式的丰富和多样化（图 9）。

图 9　巷道与山墙

雷州地区长期受移民文化影响，单姓聚落较多，有较为强烈的宗族意识，宗族血缘成为雷州乡土社会中最为重要的联系纽带。相对应的，雷州聚落在布局上一般都会强调宗祠所具有的重要地位，特别是最为重要的总祠，常位于邻近聚落入口的显要位置，并以之为中心，结合广场等形成聚落中重要的公共活动空间。大的聚落在总祠之外，还会有若干支祠。宗祠自身的形制一般也较为发达，建造质量和装饰精美程度往往是聚落中的最高水平（图 10）。聚落往往还设有家塾、神庙等公共性建筑，一般位于村尾。

图 10　雷州聚落中的宗祠

肆 建筑空间、形式与建造

雷州乡土聚落中的民居，一般为三合院或四合院的形式，主要功能空间包括厅堂、卧室、厨房及其他辅助性空间，皆围绕天井布置。建筑群体多呈现为围绕多个天井的组合，既有利于避热，也利于通风。院落中的正屋大体为南向，三开间，中间为厅堂，两边为卧室，正屋与东西向的横屋以走廊连接。院落单元的总体格局与广府地区的“三间两廊”式民居较为接近，在雷州地区一般称作“三间两厝”。当建筑的规模扩展时，与广府民居的沿南北轴向纵向发展不同，雷州民居一般为横向展开的结构。规模较大的民居，在主天井单元的东西两侧设置较窄的天井，称“偏院”，从走廊开门相通，也有的将偏院的横屋以后罩房相连，称为“包簾”，整体布局近似于嵌套的三合院。在建筑内部，厅堂是容纳家庭公共活动的地方。厅堂前临天井，或与天井直接相通，或以格扇相分隔。后墙一般不开窗，设置二层木制阁楼，用于供奉祖先牌位，称作“家坛”（图11）。大型的住宅，一般有多个厅堂，将供奉祖先、家庭活动、接待宾客等功

图 11　雷州民居中的家坛

能分开。厅堂两侧主要作为卧室，上面一般也有阁楼，用于存放粮食或杂物。“横屋”也用于居住、仓储、厨房等功能。住宅的各功能部分之间，一般有过厅或廊道相连接。

雷州民居的单体形式通常为单层或二层的双坡屋顶建筑，屋顶形式一般为硬山顶，以应对潮湿、多雨水、多台风的气候条件（图 12）。在较高密度的聚落形态下，建筑的外观形式特别是单体的体量一般并无充分展示的空间，通常只表现为面对狭窄巷道的单调立面。同时基于防御性的考量，建筑对外也很少表现为开放性的面貌（图 13）。在这种情况下，建筑外部形象的形式语言主要体现在三个方面：

图 12　雷州民居的建筑形式

图 13　雷州民居封闭的外观形象

其一是建筑的色彩和整体的氛围，以红砖砌筑墙体为主的建筑围护结构，形成了具有高度统一性的建筑形象，体现出热烈、浓重的整体氛围。同时，在热带地区的阳光下，简洁、质朴的红砖形式，具有中国传统民居较为少见的体量感。加之碉楼的垂直体量与围墙的水平体量的对比，形成了较为丰富的群体形式（图 14）。

其二是建筑的山墙。造型讲究、装饰华丽的山墙，是雷州民居在建筑形式上最为典型的特征之一。山墙通常都以灰塑装饰，在美化的同时，对于强化山墙与屋顶交接部位的防水、防渗能力也有好处（图 15）。较为讲究的山墙则会做成五行山墙的形式，这种形式应与受闽南、潮汕地区文化和建筑形式的影响有关。五行山墙分为金式、木式、水式、火式、土式五种形式，各具不同的风

图 14 雷州聚落的整体氛围与建筑群体

格特征。有一座民居只使用一种形式的，也有同时使用两种以上形式的。在这里，山墙已经从防御盗匪、防范火灾蔓延的功能构件，发展成一种美学和文化意义上的象征物。相对应的，山墙部分的尺度、用材和装饰，也成为民居建造中重点关注的部分。

图 15 雷州民居的山墙与灰塑装饰

其三是建筑的大门。雷州民居的大门通常采用凹斗门的形式，凹进的门斗可以避雨、遮阳，同时也避免了巷道空间过于单调，界定出门户的归属感。门头和檐下部位是雷州民居装饰的重点，一般有精美的灰塑或者木雕（图 16）。

雷州民系广义上属于闽海民系的一个族群，其民居建筑的形式和建造技术也受到闽南地区的影响。特别是红砖的普遍使用以及五行山墙的形式，成为雷州民居与闽南民居之间交流与影响的确证。但同时，雷州地区与广府地区在地理位置上最为接近，其民居建筑的形式和建造技术受到广府地区的影响也比较明显。雷州民居尽管采用红砖，但其相对简单、质朴、注重砖砌墙体体量感和整体色彩氛围的形式语言，以及对山墙面视觉形式的重视，都显示出与广府民居相一致的建造逻辑与形式逻辑。

图 16　雷州民居门头和檐下的装饰

结语

雷州地区的乡土聚落，一方面表现出对地域气候等自然条件的适应，同时也表现出闽南文化、广府文化以及外来文化影响的交融。这种状况在各地的乡土聚落中普遍存在。我们今天所看到的复杂而多样化的乡土聚落和传统民居形态，并非是在彼此隔绝的、世外桃源式的环境下自然产生和演化出来的，而是地域之间文化彼此作用，并与地域的自然地理、技术经济和社会文化状况互动和融合的结果。

参考文献

[1] 陆琦．广东民居［M］．北京：中国建筑工业出版社，2008.
[2] 梁林．雷州民居［M］．广州：华南理工大学出版社，2013.
[3] 陆琦．广府民居［M］．广州：华南理工大学出版社，2013.
[4] 戴志坚．福建民居［M］．北京：中国建筑工业出版社，2009.

作者简介

王新征，北方工业大学建筑与艺术学院，副教授，邮编：100144，E-mail:wangxzchina@163.com，北京市石景山区晋元庄路 5 号。

图片来源：本文插图均由作者拍摄。

引言

客家民系在迁徙过程中一直维持着家族聚居的生活方式，并形成了独特的聚落景观与民居形态。江西省遂川县的客家人口自明末清初时期由闽、粤、湘等地迁徙至此，直到 20 世纪 80 年代，这里的大部分客家人依旧固守着整族聚居于一栋大屋之中的生活方式。堆子前镇鄢溪村就是客家聚居文化的典型代表，聚落的选址、民居的布局、民居的形态，无不体现出独特的客家聚居文化。

壹 地理环境与历史溯源

江西省遂川县地处湘赣边界、罗霄山脉中段，此地山峰林立、地势险峻。明末清初时期，广东、福建和湖南有大量客家人迁徙到此地，据《吉安地区志》载："乾隆时，遂川出现'丁口半出流寓'的景象，该县的人口有一半以上是外籍人"，至今遂川县的客家人口约占全县总人口的三分之二以上。由于平坦肥沃的平原地区已被土籍人占有，迁徙而来的客家人只能选择在交通较为不便、海拔较高的山中，向当地山主租借山地开垦。最初客家人并未形成聚落，只是在所租土地附近搭建棚屋，因此被当地人称为"棚民"。随后客家人在斗争中获得官府认可在本地落户，并取得一部分土地，继而从山林中搬出，择地建造房屋。由于土客之争、盗匪侵扰不断，客家人往往聚族而居，互相扶持。一些积财较丰、人丁兴旺的氏族会建造整族聚居的大屋，不仅提高居住质量，同时也具备一定的防御功能。随着人口的增多，一些客家居民又从大屋中搬出，在附近建造大屋或建造独家住宅，由此逐渐形成了客家聚居聚落。

鄢溪村位于江西省吉安市遂川县堆子前镇，村落地处山地丘陵地带，依山傍水而建，村前是右溪河，村后是后龙山。鄢溪村是客家黄氏聚居的村落，黄氏在清朝乾隆年间自湖南迁至此地定居。聚落的形成始于清朝乾隆年间黄氏建造的客家聚居式大屋——黄氏正亮堂，以及同时期建造的客家私塾——燕山书院。随后黄氏子弟逐渐从大屋之中搬出，或建造聚居式大屋，或建造小型的独家住居，形成了具有赣西南地区特色的客家聚落（图 1）。

图 1　鄢溪村地理位置

贰 鄢溪村的聚落形态特征

■ 聚落选址特征

从选址上来说，江西是形势派风水理论的发源地，强调“龙、穴、砂、水”的配合，其实质是讲究相地要因地制宜、因势利导。抛却其中迷信的成分，风水理论对于营造理想舒适的居住环境具有非常积极的意义。聚落的形成始于黄氏正亮堂的修建，它的选址决定了鄢溪村之后的发展。黄氏正亮堂大屋入口门联处题刻的“碧水环门龙起舞，丹山绕室凤飞鸣”，正是描述了它屋后层峦叠嶂、屋前碧水环绕的自然环境。大屋建于山脚下，可尽量少占用便于耕种的平地，而河流又为生活提供了诸多便利，可见客家聚落的选址其实具有很强的实用性。之后建造的民居以正亮堂为核心沿着后龙山的山脚逐渐向两侧发展。

■ 聚落布局特征

鄢溪村的布局体现了客家聚落依山就势、灵活自由的布局特征，与本地土籍人较为规整的聚落有很大不同。土籍聚落多位于平原或盆地中，且建造年代较长，经济水平及社会秩序较好，聚落在发展过程中往往经过族长的调控，因而常常呈现出有规律的行列状。鄢溪村的布局则顺应了山形走势，民居的朝向并无一定之规，正亮堂即为一栋坐南朝北的民居。聚落发展的第一阶段是嘉庆年间黄氏正亮堂和燕山书院的建成，聚落中只有这两栋独立封闭的单体建筑；第二阶段是道光年间开始有居民从正亮堂大屋中搬出，以黄氏正亮堂为中心，民居沿山脚逐渐向两侧发展；第三阶段是从民国年间开始，大量居民在聚落东南部一块面积稍大的平地上建造民居，这些民居围绕黄氏正祖祠建造，形成了新的聚落核心；第四阶段是新中国成立后随着道路的修建，新建民居开始沿道路两侧布置（图 2）。

叁 鄢溪村的民居形态特征

■ 客家聚居式大屋——黄氏正亮堂大屋

客家人作为外来势力，在发展过程中更需要维护大家族的凝聚力。因此当

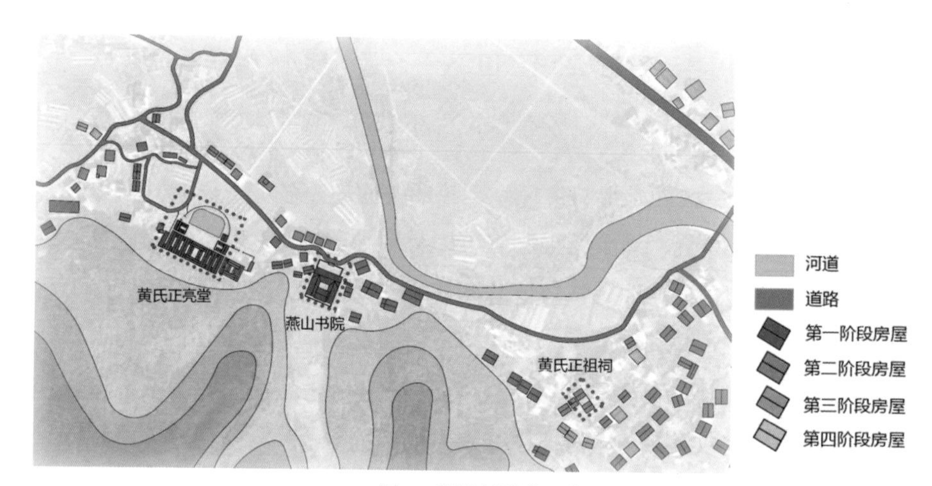

图 2　鄢溪村聚落形态

宗族势力、财力达到一定程度，选择依照客家传统整族聚居于一栋规模宏大的大屋之中，成为了一种自然而然的选择。聚居式民居近似于独立、封闭的小型社会，这种对于聚居传统的传承体现着客家人对于宗族制度的传承。共有的族田、族规和族长可以团结并约束族人以达到治理管控的目的。建造方式也体现了客家传统的影响。闽、粤地区的客家人掌握着制作夯土墙的工艺与工具，这些技术在迁移的过程中也都被传承下来，体现在赣西南的夯土技艺中。例如堂横式民居的内墙采用夯土或土坯砖墙，外墙则采用金包银的做法，外部用砖砌，内部用夯土或土坯砖垒筑。黄氏正亮堂大屋是典型的客家“九厅十八井”式民居，“九厅”和“十八井”并不是具体的数量，只是用来形容房屋规模的宏大。正亮堂大屋是鄢溪黄氏合族聚居在一起的房屋，它由黄由相和他的三个儿子共同修建。父子四人勤奋能干，积财颇丰，于乾隆五十九年（1794 年）开基，建造黄氏大屋和燕山书院，历时 13 年，于嘉庆十一年（1806 年）竣工。黄氏正亮堂大屋院落占地面积约 12000 平方米，其中建筑占地面积约 6800 平方米。建造这样的大屋需要耗费相当多的人力、财力和时间，对于家族来说是一件意义重大的事情，因此大屋的朝向、选址和形制都是深思熟虑的结果（图 3）。

大屋的形制在客家九厅十八井民居传统形制的基础上，根据家族聚居生活的需要经过了精心的处理。大屋外有高约 2 米的弧形高墙相围，仅在西北侧有

图 3　黄氏正亮堂大屋

图 4　院门

牌坊式的门楼作为出入口，这样的设计体现出其防御性功能（图 4）。院落内从北到南的轴线上依次为月池、禾坪、侧房和房屋主体，整体保持了对称的构图。月池的功能很多，房屋主体部分的地表水都被精心组织、汇入月池之中，平时可用来养鱼、浣洗，火灾时可用来救火，同时还具有美化景观、调节小气候的作用。禾坪是一块矩形空地，作为晾晒场地使用，同时也具有集会的功能。逢年过节举办祭祖活动时，客家居民会在禾坪上敲锣打鼓、舞狮斗歌；举行大型宴会时，如在屋内摆不下，也会在这里摆桌设宴。侧房是独立于房屋主体之外的两组小院落，分别题有“兰庭”、“桂室”的字样，是屋主人打造出的幽静、闲适的小空间（图 5）。

图 5　禾坪与侧房

房屋主体部分分为中轴线上的黄氏家祠——正亮堂，以及正亮堂两侧的居住空间。正亮堂作为家祠，其功能是在过年、清明、中元、冬至时举行祭祖活动，或举办红白事时使用，同时也作为族长议事的空间，平常居民不进入这一空间之中。正亮堂两侧的四排横屋分属四个房派，是主要的居住空间。在一侧的两列横屋之间是偏厅，作为接客会友的空间。每排横屋既各自独立，又有通道贯穿相连，这样的建筑形式使得聚居其中的各房派既可以独自生活也可以相互照应。建筑依天井解决了通风、采光、排水和交通的需要，并做到了“晴天无日晒、雨天不湿鞋、冬暖夏凉”（图 6）。

整栋建筑的空间形态也是客家家族宗法制度的投影，体现出了家族聚居中尊卑有序、内外有别、男女有别的居住形态。客家风俗以左为上，四排横屋的地位由高到低依次为左一、右一、左二、右二，家族中会根据长幼之序来分配。从平面中可以看出，几乎没有居住房间的门和窗会开向正亮堂和偏堂屋所在的天井，建筑严格区分了对内空间和对外空间，保障了家庭生活的私密性。每排横屋南侧最尽端都有一个封闭的楼背厅小天井，围绕这个天井的是女眷的居住房间，空间私密性极强，正体现了封建时代男女有别、男尊女卑的思想。建筑中不同的天井营造出了不同的空间氛围，正亮堂的天井严肃隆重（图7），横屋的天井宽敞轻松，楼背厅天井则狭小隐蔽（图8）。

图6　正亮堂的天井

图7　横屋的天井

客家民居十分讲究建

筑内的装饰。建筑内藻井和卷棚位置彩绘丰富，不仅有蝙蝠等有吉祥寓意的动物，也有姜太公钓鱼等传说故事，这些装饰都体现出客家崇文重教的文化传统。屋中的门窗屏风也都精雕细绘，梅竹松荷、福禄寿喜都代表着客家先民对美好生活的向往。

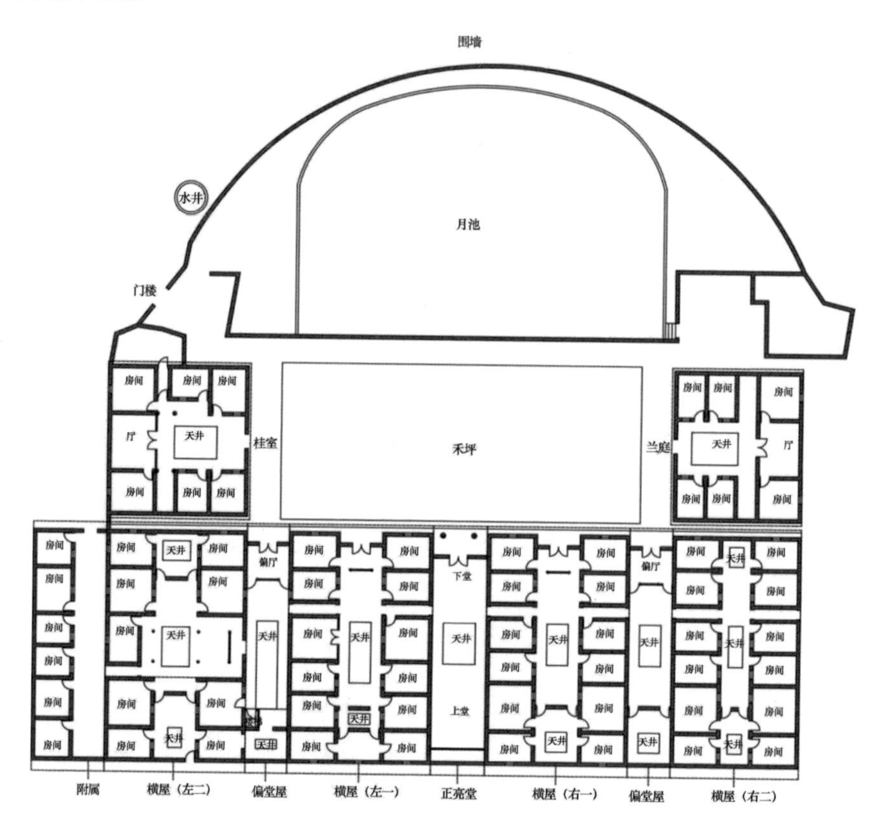

图 8　黄氏正亮堂大屋平面图

肆 传承与演变

在聚落的布局上，客家人也继承了客家传统的依山就势的布局特征，与土籍人较为规整的聚落布局特征有很大差异。究其原因，首先是建造聚落的地理环境不同，赣西南的客家聚落与闽、粤的客家聚落类似，多在地形复杂的山地之中，大片的平地非常珍贵，因而会被保留下来作为耕地，房屋则沿着山脚、河流、道路分布，没有确定的朝向和规整的布局。而土籍聚落占据了较为有利的平原、盆地地区，有条件规划出行列状分布、街巷空间清晰的聚落。其次是赣西南的客家聚落形成时间较短，经济发展水平也较低，因而对于整个聚落的统一规划也偏弱。而土籍聚落形成时间较长，社会经济水平更高，社会秩序水平更强，每家每户建造房屋往往需要村中长老的调控，一些聚落还被统一规划过。另外一点是客家聚落处于较为偏远的地带，封建时期地方政府管控也更弱，因此聚落的发展也更为自由。从宗祠在聚落布局中的地位来说，客家聚落中的宗祠要更为重要。土籍聚落中的宗祠常常穿插于民居之中，客家聚落中的宗祠则往往居于绝对核心的位置，并会刻意强化它的轴线关系。首先，在位置上，祠堂一定居于聚落的中心，住宅依附祠堂两侧展开。再者，在空间的营造上，前方有空地、水塘，后方有古木成林，从而形成良好的风水格局。许多客家村落都是先确定宗祠的位置，再在宗祠两侧逐渐建造住宅。

虽然客家传统民居和聚落形态的决定性因素是客家传统，但客家传统民居和聚落为适应赣西南一带的气候条件、当地文化以及经济社会条件也产生了一些演变。例如闽粤地区属于夏热冬暖地区，而赣西南地区则属于夏热冬冷地区。因此赣西南的客家民居除了夏季需要考虑通风、遮阳、隔热，还需要考虑冬季的保温需求。夯土材料导热系数小、热惰性高、蓄热能力强，气温高时可以吸热蓄热，气温低时可以放热保温，用夯土作为围护结构不仅满足夏季隔热的需求，也可满足冬季保温的需求，因而在赣西南地区被保留下来。此外，随着土客矛盾的弱化，客家居民与土籍居民的互动增多，在民居建造上也产生了一些变化。例如一些客家民居会仿照土籍民居将山墙做成马头墙，而不是采用客家民居常用的悬山式或歇山式，其比例尺度也与土籍民居无异。还有土籍民居中“开天眼”的做法，在一些客家民居中也偶有见到，这种做法是在堂屋的屋顶处留一道缝隙，增加室内的采光和通风效果。同时，土籍居民的居住方式也影响着客家居民。小家庭制度是土籍人的传统，一般子女结婚后都会从父辈房屋中搬出分门立户、另起炉灶，各个家庭的生产生活都较为独立。客家人受到这样的影响，逐渐采纳了小型独家民居，追求更好的生活私密性。

结语

赣西南客家聚落及民居来源于客家传统，在发展中受到当地自然环境和土籍文化的共同作用，从而演化出独具特色的民居文化。建造并居住在其中的客家人，像是从一棵大树上飘落四方的种子，与客家宗族保持着共同的基因，并在不同的环境中开枝散叶，生根发芽。

参考文献

[1] 吉安地区地方志编纂委员会．吉安地区志 [M]，上海：复旦大学出版社，2010.

[2] 钟山，温亚，王志刚．吉安地区传统聚落及民居考察报告，2016.

作者简介

王志刚，天津大学建筑学院，副教授。

钟山，悉地（北京）国际建筑设计顾问有限公司，建筑师。

图片来源：本文插图均由钟山拍摄及绘制。

信仰引领建造

萨迦地区的乡土聚落

引言

无论是作为单体的民居建造，还是作为群体的聚落建造，所呈现出来的空间形态都是家庭和家族生活方式的物质载体，普遍是以具体的生产生活功能需求为空间建造的目标，从而形成与生活形态相对应的空间形态。就乡土聚落中人群的物质生活和精神生活而言，日常的物质生产生活多为构成聚落空间形态特征的主要部分，而对应于精神生活的建造多作为次要部分附丽在空间形态之上。

然而，人群的精神生活在乡土聚落的建造中并非仅仅作为附丽部分，尤其是在有着深厚宗教信仰的地区，人群的信仰成为精神生活的核心内容，也构成了有着独特内涵与形式的地区文化。这样的全民信教地区，精神信仰深刻地影响着人群的日常生活，构成了乡土建造的规则并进而引领着具体的空间建造。

壹 藏地的信仰脉络

西藏自治区有着多样化的地貌类型和高原的多种气候条件，形成了丰富且严酷的自然环境；更有着多种宗教、多个民族和多样的生产生活方式，相互融合并构成了独特的人文环境。独特的宗教信仰以及精神生活构成了西藏地区人文环境的核心，对人们的生活方式、文化习俗、心理素质、思维方式、行为规范等各个方面都有着深刻且长久的影响。

作为西藏地区的本土宗教，苯教以及其后的雍仲苯教有着极为久远的发展历史，对应于西藏地区独特且尺度宏大的自然地理环境，其崇拜的对象包括天地日月、雪山湖泊、山石草兽和雷电风雨等各种要素以及相应的神灵。苯教的传播有其相应的理论和方法，深入到信众生活习俗的方方面面，如藏医药、天文历算、地理占卜、婚丧嫁娶和装饰雕刻等；也形成了特有的祈福方式，如转山转湖、风马经幡、叠玛尼堆等。苯教构成了西藏地区人们认知自然环境的基础，也构成了民族传统文化的基础，并深刻地影响着建筑的空间建造形态和方式（图 1）。

图 1　佛塔与神山

作为全民信教的地区，藏传佛教有着悠久的历史，并且在藏、门巴和珞巴等民族中有着广泛的信众。印度佛教自公元七世纪起开始传入西藏，至公元八世纪的晚期逐渐兴盛而建设起第一座寺院桑耶寺，即开始了与苯教的融合过程（图 2）。经过了达摩灭佛崇苯的阶段，至公元十世纪后期开始恢复并逐渐兴盛，形成了佛教在西藏地区的再次传播，在这个藏传佛教的后弘期，佛教的发展及其与苯教的深度融合，使得藏传佛教在前弘期宁玛派的基础上有了极大的发展，先后产生了噶丹、萨迦、噶玛噶举和格鲁等教派，并在不同地区和不同时期有着广泛的传播，对人们的生活方式、行为方式和空间建造等都产生了极其重要的影响。

图 2　西藏地区第一座佛寺——桑耶寺

西藏地区人们的信仰脉络，源于宗教的发展与传播，佛教与苯教之间的融合，使得所形成的藏传佛教具有独特的仪轨和鲜明的特点，既带有浓厚的苯教特征，也具有浓厚的地区特征（图 3）。

图 3　作为祈福对象的塔状风马旗

贰 地区的环境脉络

萨迦盆地处在东西走向的冈底斯山脉和喜马拉雅山脉之间，平均海拔4400米，区内南部为高山、北部为雅鲁藏布江河谷平原，有冲曲河、夏布曲河等河流贯连其间。整个地区的地形环境由山岳、丘陵和平原三种地貌类型组成，山岳地貌中的石质山体普遍被流水侵蚀和风化而导致岩层剥落，生长着高山冻土沼泽类植被，呈现出荒漠苔原景观；丘陵地貌中侵蚀剥蚀情况较重，导致丘陵破碎、山体坡度较缓、植被稀疏；平原地貌由山前洪积和河谷平原组成，山前洪积平原呈现平缓倾斜状态;河谷平原呈沿河带状分布，呈宽约1～2公里的狭长状，由冲积洪积砂砾卵石构成。由于地处高原半干旱气候带，年降雨量为150～300毫米，山体之上的植被多为草甸和灌木，乔木多生长在河谷平原地带，也使得大小聚落集中于河流两岸，加之河谷两岸因土壤条件较好而被开垦为油菜与青稞混种的农田，从而形成了萨迦地区对应自然环境脉络的半农半牧生产方式（图4）。

图4　河谷阶地农田旁的萨迦聚落

藏传佛教萨迦派创始人贡乔杰波幼年修行前弘期莲花生和寂护一脉的教法，后转学卓弥的“道果教授”新密法，于公元十一世纪后期创建萨迦寺（北寺），而正式创立藏传佛教萨迦派。萨迦城北山腰处的整体灰色岩石中，因风化而呈现出一大片白色光泽的土坡，被称为“萨迦”（灰白土），由于被视为瑞象而成为萨迦寺建立的基址所在（图 5）。萨迦派的传承以贡乔杰波之子萨钦（萨迦五祖之第一祖）开始，呈现昆氏家族的代代延续，其发展因元朝时八思巴（萨迦第五祖）被尊为“国师”以及萨迦派被尊为“国教”而兴盛。

图 5　萨迦山坡白色“瑞象”山岩

萨迦派因以象征文殊菩萨的红色、象征观音菩萨的白色和象征金刚手菩萨的深青色涂抹寺院墙壁，而得到“花教”的俗称。在萨迦派的修法中主张显密双修，以“时轮金刚法”和“金刚持法”为基本教义，即金刚手菩萨统摄一切护法，勇猛狰狞能制服诸魔、消灭一切灾难，所求无不如愿，逝去直达西方净土。因此作为大势至菩萨外显忿怒相的金刚手菩萨，是诸佛不坏之金刚本体，为佛教“智、悲、勇”三尊中“勇”的代表，而在萨迦派教法中处于特别强调的位置，由此其象征色彩也在物质空间建造中得以凸显（图 6）。

萨迦地区的自然地理环境和宗教人文环境，造就了地区独特的环境脉络，尤其是在地区宗教信仰下所形成的建造规则，引领着城镇和乡村聚落空间结构的生成，引领着寺院建筑和民居建筑的形态，也强化了整个地区空间建造的特征（图 7）。

图 6　萨迦地区墙面颜色象征意义

图 7　萨迦地区自然环境和人文环境脉络

叁 聚落的结构脉络

西藏地区的乡土聚落从生长到成形，有两条聚落结构的建造脉络，一条脉络为先有人群的集聚而建造聚落，之后对应于供养关系而建造起寺院；另一条脉络为先有寺院的选址建设，后因信众的集聚居住而逐渐建设出聚落。萨迦镇的聚落建设与发展为后一条脉络所主导，生长出其整个聚落的结构与形态，即聚落结构以山体为整个聚落的构成中心、以寺院为聚落结构的组织次中心（图 8）。

图 8　萨迦聚落空间结构

萨迦派创始人贡乔杰波，因仲曲河谷北部灰色山体上出露的大片白色“瑞象”而定地址建萨迦寺院（北寺），即以白色山岩为倚靠建造寺院建筑群和白塔构筑群，并随着家族和信众的聚集、萨迦三院的传播，逐渐由寺院建造扩大到聚居院落和民居的建设，形成以山体为构成中心、寺院为组织中心的聚落建造脉络。这样的建造规则在萨迦北寺持续扩建过程中为历代法王所遵守，形成了喇让、护法神殿、塑像殿、藏书室和佛塔群组成的“古绒”建筑群，萨迦北寺在长期的历史发展过程中已毁，现仅存部分遗址和已做修复的寺院建筑。萨迦北寺及周边的民居建筑沿山麓地形而建，高度方向上层叠、水平方向上绵延，街巷狭窄并与地形环境紧密对应融合，将基地的形状肌理纳入聚落建造的结构形态之中（图 9）。

图 9　萨迦北寺及周边聚落层叠建造

随着萨迦派在元代被尊为国教，信众、宗教和管理活动增多，由八思巴委托建造的萨迦南寺，定址于仲曲河南岸的玛永扎玛平坝上，与北部山体上的白色“瑞象”岩石正面相对，为规模最大的寺院并成为萨迦镇聚落结构的组织中心。

萨迦南寺平面呈方形，东西长 214 米、南北宽 210 米，为内外两层土石砌筑高墙所围绕，外侧城墙四角建 4 座角楼、墙体中部凸出 4 座敌楼，城墙仅在东面设一城门，内外两层的高墙嵌套和对称的布局构成状若坛城形态（图 10）。萨迦南寺高大城墙内建有雄伟的殿堂和成排的僧舍，寺院主殿“拉康钦莫”高达 10 米，殿内供奉有释迦三世佛像与萨迦五祖，尤其是寺内藏有多个朝代丰富的唐卡、古籍等宗教文物以及元代壁画等，因而有着“第二敦煌”之称（图 11）。

图 10　萨迦南寺围合城墙及角楼

图 11　有着“第二敦煌”之称的萨迦南寺

萨迦南寺与北寺及山体白色岩石构成了聚落的结构中轴，与北寺夹仲曲河构成了萨迦聚落的组织中心，在空间上强化了萨迦寺院和聚落发生的自然环境及其宗教特征，在形态上突出了寺院作为聚落结构组织中心的建造规则（图 12）。

图 12　萨迦南寺与北寺构成隔仲曲河的聚落组织中心

肆 建造的形态脉络

乡土聚落汇聚着大量的民居建筑且分布广泛，代表着所在地区的物质空间建造，受到自然环境和人文环境的影响，其建造的形态既应对自然环境，也应用地区材料，更对应人文环境。萨迦地区因其独特的宗教信仰，而深刻地影响到地区物质空间的建造形态，转过县道 205 的 16 公里路碑进入萨迦县境内，乡土聚落和民居建筑随即呈现出与宗教信仰相对应的形态，也是其区别于邻接地区乡土建造的独特样貌（图 13）。

图 13　萨迦乡土聚落与民居建筑形态

萨迦地区与西藏其他的半干旱河谷地区相似，半农半牧的生产方式使得乡土聚落坐落在青稞与油菜混种的农田周边，民居建筑或成簇或独立地依据地形环境集聚建设。萨迦地区的民居建造类型以家庭为基本单元，与西藏其他地区的建造相同，在单体上呈现出一层或两层的规整建筑形态；同样应对高原温差大的气候条件，萨迦地区的民居建筑也为北向封闭、南向开门窗的建造，以接受阳光保持室内温度和居住舒适度。萨迦地区的自然环境导致其缺乏高大的乔木，而多采用生土和石块作为地区的建造材料，作为民居建筑支撑结构主要材料的木材，受到牲畜长途驮运条件的制约，所用木质梁柱长度大多在 2 米左右，使得萨迦民居建筑在层高上普遍较低，与周边地区的民居在建造用料和建筑空间上相似（图 14）。

萨迦地区乡土聚落和民居建筑在建造形态上的脉络，来源于群体聚居和单体家庭的生产生活方式、应对自然环境条件的建造模式及木材少土石多的材料使用方式，从而构成了乡土聚落和民居建筑形态的基本建造脉络，而最为特别的形态是宗教信仰影响下的建造方式（图 15）。色彩是物质空间形态的一种基

图 14　萨迦民居建筑的基本形态

图 15　萨迦民居建筑的土石建造

本造型要素，尤其在信奉藏传佛教的地区有着重要的象征意义，由此成为地区乡土聚落和民居建筑的重要组成部分，并深刻影响着地区建造环境的整体氛围，萨迦地区聚落与民居的色彩独特并与信仰象征紧密关联。

正是因为萨迦派以“时轮金刚法”、“金刚持法”为其基本教义，金刚手菩萨在其宗教信仰中有着极其重要的地位，其象征由修行场所的建造延伸至日常生活空间的建造。萨迦民居以红、白和深青三色涂抹墙面，其中红白两色在墙体上呈现出纵向条状的色带，而象征金刚手菩萨的深青色占有极大的墙面面积，凸显金刚手菩萨在信教民众中的地位，更进一步强化了萨迦地区的宗教环境气氛（图 16）。萨迦民居建筑围绕着萨迦南寺与北寺而建，墙体色彩与寺院墙体色彩相同，而檐下的边玛墙红色则是寺院建筑所独有，构成了突出中心建构且又连贯的聚落物质空间形态建造（图 17）。西藏其他地区的乡土聚落和民居建筑的建造，则是宗教信仰的象征转换成吉祥图案、色彩装饰、祈福装置等，作为建筑的附件而建设，如民居建筑的大门处建有门檐，设有彩绘、图案或白石等装饰，通常在整个民居建筑的墙体中所占比重不大。相较之下，萨迦地区的宗教信仰象征尤其是色彩的运用，则在乡土聚落和民居建筑中占有很大的比重，由此也标示出其地区建造在形态上的独特脉络（图 18）。

图 16　萨迦寺院建筑与民居建筑墙体色彩差异

图 17　萨迦聚落的结构中心与寺院组织中心

图 18　萨迦地区乡土民居的形态与墙面色彩

结语

萨迦地区的宗教信仰建构脉络和萨迦派宗教信仰的独特表达方式，使得萨迦地区乡土聚落和民居建筑的建设，在应对当地自然环境和对应生产生活方式的基础上，建立起了一套由宗教信仰引领的建造规则，并由此形成了后世建造所遵守并延续的建造脉络。这套由宗教信仰引领的建造规则，既源于地区的人文环境，又通过物质空间载体的建设而强化了人文环境的特征。在萨迦派宗教信仰的建造规则引领下，乡土聚落的结构、寺院建筑和民居建筑的形态，无一不体现出物质空间的建造与人群精神生活之间的紧密对应，形成了精神世界在现实建造中的投影。

萨迦地区的宗教信仰引领物质空间建造的规则：乡土聚落以瑞象山岩为整体的指向建构中心，以南北寺院为街区的组织中心，以宗教象征为民居建筑的形态表现。由此架构起地区宗教信仰的发生传播、自然环境的因借、人文环境的演进、人群的集聚发展、寺院建筑的发展、民居建筑的建造等多个方面相互紧密关联的桥梁纽带，并以信仰的力量持续引领着后世的物质空间建设。

参考文献

[1] 格桑．古老的萨迦寺 第二敦煌 [J]．中国文化遗产，2009（06）：40-45.

[2] 三羊，卢海林．西藏萨迦寺 神山下的“藏地莫高窟”[J]．环球人文地理，2013（21）：60-69.

[3] 木雅•曲吉建才．西藏民居 [M]．北京：中国建筑工业出版社，2009.

[4] 徐宗威．西藏传统建筑导则 [M]．北京：中国建筑工业出版社，2004.

[5] 范霄鹏，石琳．西藏萨迦地区信仰空间田野调查 [J]．中国建筑文化遗产，2015（12）：48-53.

作者简介

范霄鹏，北京建筑大学建筑与城市规划学院，教授，邮编：100044，E-mail:anebony@vip.sina.com，北京市西城区展览馆路 1 号。

图片来源：本文插图均由作者拍摄及绘制。

族群与祖先

南部侗族聚落空间的社会表征

引言

不同族群拥有各自的文化起源以及共同先祖，也因之营造出不同的聚落空间[1]。聚落空间的形态与结构都是对该族群文化的表征[2]，特别表现于精神信仰与社会组织方式之上。相比拥有成熟宗教的藏、傣等民族，西南少数民族大多以祖先崇拜为主。这种祖先信仰与自然崇拜相混杂，对应的社会结构较为灵活、多变。侗族即其中的典型。

壹 南部侗族的群落与祖先信仰

侗族为我国西南少数民族之一，分布于贵州、湖南、广西交界地区。侗族有自己的民族语言，侗语属汉藏语系、壮侗语族、侗水语支。侗语分为南部方言与北部方言，也因此划分出南、北两个文化亚区。侗族有佬侗、佼侗与但侗三大支系，同源于岭南越人，其中佬侗与佼侗源于骆越与僚人，但侗源于西瓯与蛋人[3]。伴随着联姻与人口繁衍，三个支系的人口逐渐融合。总体来说，南部侗族以佬侗支系为主，北部侗族以佼侗支系为主，但侗支系融合入两大地区之间（图 1）。

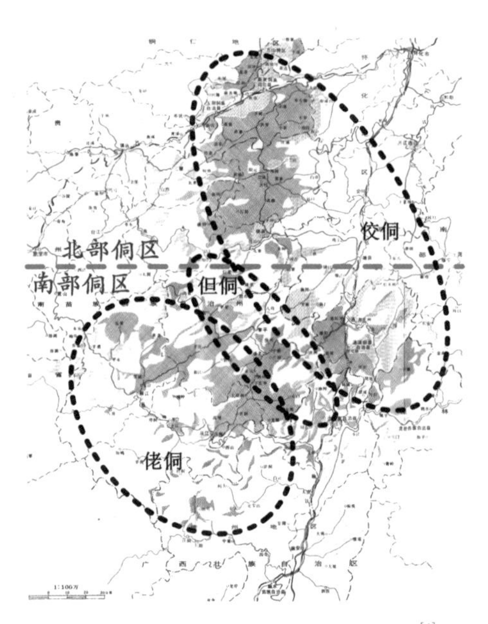

图 1　侗族支系与文化亚区分布示意图[4]

南部侗族文化区藏于深山之中，由于自然环境的隔绝，民族文化特色鲜明。然而，即使是在同一文化亚区内，不同群落的信仰也是不同的，因此形成不同的聚落空间组织方式（图 2）。总体来说，贵州境内的侗族群落信仰“萨岁”，而广西、湖南地区的侗族聚落信仰飞山公。

“萨岁”即侗语中的大祖母，她是侗族的女性祖先。根据民间记载，萨岁原名仙奴，耕织歌舞，武艺高强，她带领侗族人民联合反抗地主欺压，借助神力，将官军打败，但其夫石道在抗争中牺牲，仙奴为夫君与亲友在萨岁山殉难[5]。

飞山公名为杨再思，他是唐末、五代时期的少数民族领袖，领导今湖南靖州一带苗、瑶、侗等民众。飞山神并非侗族专有的信仰，而是湘黔界邻地区常见的地方神明，并且在宋代得到了官方认可[6]。在广西、湖南的大部分侗寨中，祭奉杨再思的飞山庙在聚落中拥有很高的地位，村寨的祭祖仪式在庙中举行，因此也具有类似于祖先朝拜的功能。相比融合了母系祖先与土地崇拜的萨岁信仰[5]，飞山信仰经历了地方保护神的正统化过程，也表达了多个民族之间的文化交流。

图 2 典型南部侗族聚落——大利侗寨（作者自摄，2014 年）

贰 聚落空间表征的社会结构

萨岁信仰表明侗族曾经历过母系社会，但留存至今的社会结构却是父系的，与汉族的宗族制度类似，但不甚严格。这种父系宗亲组织可以分为家庭、房族、宗族等层级，聚落的空间形态与空间结构均是对社会结构与组织方式的表征，具有宗亲联系的居民住宅以组团的方式分布于聚落之中。

家庭是侗族血缘联系的最小单位，侗语称“然”，指共用一个炉灶的人群。西南少数民族多以火塘为炉灶，每个核心家庭有自己的火塘，住宅中火塘的数量即然的数量[7]。侗族称房族为“岱农”或“补腊”，这是社会结构中最重要、最活跃的层级。最初的房族可能是生活在同一长屋（图 3）中的扩大家庭，随着家庭模式向核心家庭或主干家庭转变，住房规模与形式也随之变化，原先聚族而居的长屋住宅逐渐消失或被改造[8]。侗族的日常活动如财产分配、遗产继承、婚丧嫁娶、竖柱上梁及诉讼等，均由房族共同出资操办。

房族之上为“斗”，即宗族，为具有同一血缘关系、可以追溯至同一祖公的一伙人。聚落中的斗有各自的空间划分，每个斗聚居于聚落一片区域。宗族内不能通婚，青年男女的社交活动以斗为团体开展，斗内男女不能互访。每个斗基本均会设置各自的公共空间，也可能多个斗共用一个公共空间，作为斗内商议重大事件、社交以及祭祀之地。

图 3 贵州肇兴寨侗族长屋（作者自摄，2015 年）

在杂姓聚落中，人口少的姓氏可能仅为一个斗，而大的姓氏往往有多个斗。即便同一姓氏拥有共同想象的祖先，节庆习俗大致相同，然而由于祖公不同，他们在节日庆典的日期选择上有所差异，因此交错使用聚落中的公共空间。由于信仰文化的差异，不同地区侗族群落的公共空间在类型上也有所不同。

叁 作为聚落中心的鼓楼

不论从空间分析的角度，还是从文化研究的视角，公共空间都是乡土聚落中最重要的空间类型。在南部侗族聚落中，鼓楼以其巨大的体量与精巧的设计，成为村寨的标志，也是最重要的公共空间。在不同群落中，鼓楼所表征的社会结构层级有所不同，还需要联系其他公共空间才能更好地认识到鼓楼在聚落之中的社会文化涵义。

鼓楼即悬鼓之楼，因上层设皮鼓而得此称呼。南部侗族聚居区几乎每个村寨都至少有一座楼阁样式的鼓楼（图 4），鼓楼可以说是侗族聚落的地标性建筑。这种鼓楼类似汉地佛塔，建筑原型可能为侗族人民崇拜的杉树。这种鼓楼最初采用“独柱”构造，后来逐渐扩展为四根金柱，形成“回”形双套筒结构[9]。

在广西、湖南地区的侗族聚落中，除了楼阁样式的大鼓楼外，还有一种低矮的“小鼓楼”[1]（图5）。在很多村寨中，大、小两种鼓楼并存。据村民描述，小鼓楼建造年代一般早于大鼓楼，在未建大鼓楼前，小鼓楼就是聚落的中心，主要用于寨老们商议大事，使用的人群以中老年男性为主，女性很少踏入鼓楼。修建大鼓楼之后，寨老们移师大鼓楼，小鼓楼就留给女性使用了，成为村内妇女们一起刺绣、聊天、烤火的地方。大、小鼓楼内均有火塘，除了烤火的实用功能外，火塘也表达了特定人群的团聚与附属关系。

图4　贵州堂安寨楼阁式大鼓楼（作者自摄，2015年）

无论大、小鼓楼，均位于聚落较为中心的位置，附属于该鼓楼的居民围绕鼓楼建造住宅。大鼓楼之前有鼓楼坪，与鼓楼共同作为聚落公共活动的空间，如祭祀、会议或游憩，同时这里也是村民日常休息、交流的空间。一般每个自然寨都会建造一座大鼓楼；在几个自然寨联合形成的大型聚落中，可能有一座中心大鼓楼，为全聚落所共有。在个别地区，一个斗就会建造一座鼓楼，聚落中的鼓楼数量

图5　广西高秀寨小鼓楼（作者自摄，2016年）

1　广西地区称“小鼓楼”，湖南地区称“凉庭”。

因此显著提高。由此我们看到，鼓楼所表征的社会结构层级有斗、自然寨与聚落（多自然寨）等不同的可能。

肆 祖先信仰与聚落空间组织

除鼓楼外，贵州地区的萨坛与湖南、广西的飞山庙也是重要的聚落公共空间。与鼓楼相比，萨坛与飞山庙的建筑外观并不显著，而且不少选址于聚落外围。但由于它们是聚落中重要的信仰空间，其地位并不低于鼓楼，在公共活动组织中往往与鼓楼相联系，尤其是在祭祀仪式之中。这种相互融合的空间使用方式将不同层级的宗亲关系组织在一起，将真实的宗亲与想象的祖先编织在一起，增强了族群的认同。

贵州地区的侗族聚落以萨坛为供奉祖先的神圣空间，不同群落的萨坛在选址与形式上有较大的差异。有的萨坛位于鼓楼背面，有的萨坛位于聚落边缘，总体来说都是较为安静、隐蔽的所在。萨坛的形式有露天、半露天或室内坛等[4]，而核心的圣坛均为一个土丘或土石丘，丘上插一把伞，称“祖母伞”。坛内埋的是婆娘做活路[1]、纺纱、煮饭用的东西，象征着祖母的日常生活。萨坛由专人管理，一般为世袭人家[10]，负责平时打扫、守护遗迹节庆的祭祀活动（图6）。

萨坛由具有较为密切的宗亲联系的人群共同祭祀，这一人群规模往往超过一个斗，甚至一个自然寨。当一个自然寨人口超过周边土地供养规模、人口外迁的时候，迁出的子寨可以跟母寨共同

图6　贵州肇兴寨萨坛（作者自摄，2011年）

1　“做活路”是侗语对干活谋生的统称，一般指农耕。

祭祀萨坛。如若子寨新设萨坛，需要从母寨萨坛中取土[5]。萨岁山是萨岁信仰的中心，当某个寨子出现大的灾难，该萨坛所属的人群会在祭司的带领下前往萨岁山取土，重新安坛。

祭祀萨岁即祭祀共同的祖先。在祭祀活动中，萨坛所属人群的鼓楼是娱神[1]的重要场所，寨老带领民众围绕鼓楼多耶[2]（图7）；而萨坛仅作为萨岁居住地，由寨老将萨岁从萨坛请到鼓楼中。如果几个鼓楼的居民共同祭祀一座萨坛，那么他们要一起依次到这几个鼓楼多耶。

图7　厦格寨鼓楼多耶（贾玥摄影，2010年）

相对来说，广西、湖南地区的飞山庙虽然承载着祭祀祖先的功能，但实质上飞山公更多扮演着地方保护神的角色。大多为一个寨子建一座飞山庙，有的大寨为某个姓氏共同供奉。飞山庙从选址到建筑形式都有很强的外来色彩。飞

1　“娱神”指通过舞蹈、声乐等取悦神灵、向神灵祈福的行为。下文中提到“多耶”即侗族娱神的典型方式。

2　“耶”意为边唱边舞，“多耶”即“唱耶歌”，男女分队，围成圆圈，载歌载舞。由一人领唱，众人相和，旋律简单。

山庙一般位于寨头或寨尾，建筑多呈现为马头山墙的院落建筑（图8），这在以山地为主要自然环境、住宅尚未形成院落的侗族地区较为罕见。

分析湖广地区与贵州地区产生这种信仰差异的缘由，除支系方面的人口、文化不同外，也与聚落的社会构成及人文环境有关。一方面湖广地区侗族村寨多为杂姓聚落，居民之间的宗亲关系不似贵州地区那般密切；另一方面，贵州侗族仅与苗族聚落相互交错，而湖广地区杂居民族更为繁多，文化交流密切。

图8　广西高友寨飞山庙（作者自摄，2016年）

结语

聚落空间是对社会结构的空间表征。对侗族聚落来说，其社会结构是较为单纯的宗亲关系，因此又与祖先朝拜建立起密切的联系。聚落不仅是“聚”、“族”而居的空间架构，重要的公共空间与信仰空间均对应着一定的宗亲组织层级。然而，由于侗族的父系社会组织并不像汉族宗族制度那般严密，具有很强的灵活性，因此空间与社会结构的对应关系也有很强的变通性。

同时，我们也注意到，由于侗族支系起源的差异以及文化交融或环境隔绝的作用，不同地区在信仰与社会组织方面形成较大的差异，尤其是贵州与湖广地区。由于侗族没有书写文字，颇难断定在产生这些差异的诸多原因中，孰轻孰重，也难以再现它们具体作用影响下的真实历史演变过程。然而，族群本身就是相对的概念，呈现为不断变化发展的动态过程，即使官方认定的“民族”也未必具有必然的、真实的共同起源。祖先信仰在一定程度上反映着并影响着人们的文化认同，但这种自发的认同是否能够强于权威话语下的民族识别的作用力，颇值得我们反思。

参考文献

[1] 王昀．传统聚落结构中的空间概念 [M]．北京：中国建筑工业出版社，2016.

[2] 张楠．作为社会结构表征的中国传统聚落形态研究 [D]．天津大学，2010.

[3] 吴忠军．侗族源流考 [J]．广西民族学院学报（哲学社会科学版），1998(03)：65-68.

[4] 赵晓梅．中国活态乡土聚落的空间文化表达：以黔东南地区侗寨为例 [M]．南京：东南大学出版社，2014.

[5] 黄才贵．女神与泛神：侗族“萨玛”文化研究 [M]．贵阳：贵州人民出版社，2006.

[6] 张应强．湘黔界邻地区飞山公信仰的形成与流播 [J]．思想战线，2010，36(06)：117-121.

[7] 石开忠．侗族款组织及其变迁研究 [M]．北京：民族出版社，2009.

[8] 赵晓梅．侗族居住建筑演变研究 // 繁荣建筑文化，建设美丽中国——2013 年中国建筑学会年会论文集 [C]，2013：385-391.

[9] 蔡凌，邓毅．侗族鼓楼的结构技术类型及其地理分布格局 [J]．建筑科学，2009(04)：20-25.

[10] 蔡凌．侗族聚居区的传统村落与建筑 [M]．北京：中国建筑工业出版社，2007.

作者简介

赵晓梅，复旦大学文物与博物馆学系，讲师，邮编：200433，E-mail:zhaoxiaomei@fudan.edu.cn，上海市杨浦区邯郸路220号。

注：本文首页照片摄于贵州省黔东南州黎平县已伦侗寨（赵晓梅摄影，2013年），作者自摄照片摄于广东汕头老城（王光亮[Non Arkaraprasertkul]摄影，2017年）。

自然之子

四川羌族蒲溪沟聚落群

引言

氏羌系民族古老庞大，是汉族的前身——华夏族的主要组成部分，也是藏族的祖先，并且演化出西部诸多藏缅语系少数民族——彝、白、哈尼、纳西、傈僳、景颇、土家等。据研究，分布在青海、甘肃的马家窑文化遗址就是羌族先民5000年前的生活遗痕，至今，藏北高原还被称为“羌塘”。“羌”字本身最能反映羌族的原始文化，《说文·羊部》解释：“‘羌’西戎牧羊人也。从人，从羊；羊亦声。”即羌族是起于中国的西部，以养羊为特色的民族。秦献公时，西北羌人繁衍日众，兼之秦国势力威胁追击，羌人被迫大规模向西南迁徙。

四川西北部是现存最大的羌族聚居区，羌族人口30.6万（2000年）主要分布于阿坝州的汶川、理县、茂县、松潘、黑水以及绵阳市的北川和平武，面积9000平方公里（图1）。羌族聚居区地理上位于青藏高原与四川盆地的过渡地带，岷江、涪江的各级干支流河谷深切，地形复杂，高差大，半农半牧为生。羌人质朴勇武，崇拜祖先和自然，因此形成了特色鲜明的传统建筑和聚落（图2）。四川阿坝理县蒲溪沟的羌族聚落群就很好地反映了羌族居民对自然的敬服和适应。蒲溪沟位于杂谷脑河南侧。杂谷脑河是由川进藏的要道，但两岸岩石裸露，悬崖陡壁。“5·12”大地震加剧了岩体的破碎，境内常年有山崩、滑坡地裂、泥石流等发生，而且河谷干热风盛行，失去森林后，小气候变得极为干旱（图3）。

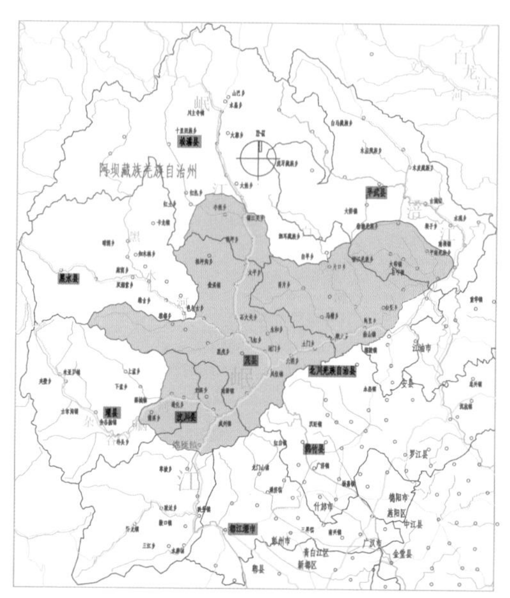

图1　四川省羌族聚居区示意

图2　羌族聚落

图 3　贫瘠的杂谷脑河谷

蒲溪发源于雪隆包雪山西侧山麓，汇入杂谷脑河，形成了一个以分水岭为界，东起雪山、西北至与杂谷脑河交汇沟口的完整流域（图 4）。

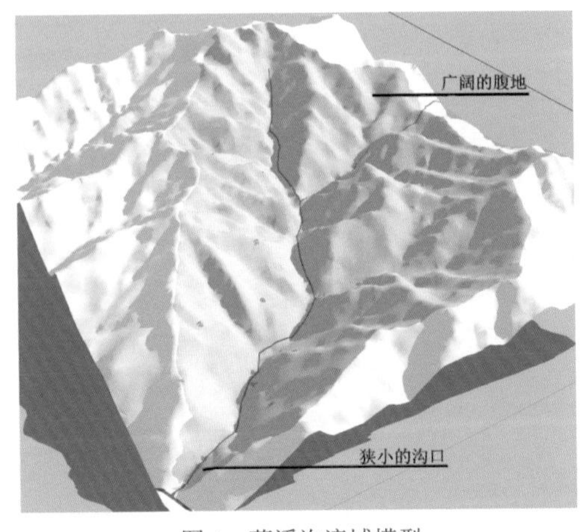

图 4　蒲溪沟流域模型

这个流域背靠险峻严寒的雪山，后方安全；前方与交通干道杂谷脑河相交，物资交换畅通，而且沟口狭小隐蔽，易守难攻（图 5）；左右分水岭作为天然边界，与相邻部落减少摩擦；流域中央面积广阔，大量高半山台地适合耕种，高山草地可以放牧；周围汇水而成的蒲溪为生产生活提供了安全稳定的水源。如此，区别于贫瘠的杂谷脑河谷，蒲溪沟流域具备了良好的生存条件。事实上，在社会闭塞的时代，蒲溪沟人绝大部分活动都在这个自给自足的流域内进行，包括生产和婚配，有妇女一生都没有出过沟。宜居的环境促进了人口繁衍，更多土地被开垦，新的寨子发育成熟，于是今天我们看到了蒲溪沟内形成的一个聚落群体系（图 6）。

图 5　狭窄的沟口

一粒种子在适宜的条件下才能生根发芽，大兴土木之前，必得细致周到地推敲村寨选址，这是全寨的百年大计甚至千年大计，是村民安身立命的重大课题，是大规模投资之前的谨慎决策。选址正确，则村民有福、生活安定、生产发达，提供子子孙孙绵延不绝的物质财富和精神食粮；反之，村落无法稳定存在，或环境恶劣，或资源贫乏，或屡遭侵袭，不可避免地走向没落，甚至会引起部族消亡、族人遗散。

图 6　广阔的流域腹地，壮观的羌寨遍布山腰

由蒲溪沟聚落群的发展可证明聚落选址的重要性，羌族世代生活在这样一个严酷善变的环境中，逐渐总结出一套因地制宜的聚落选址策略：

壹 水源

蒲溪沟聚落的选址清晰地反映出对安全水源的选取和规划。好的耕地一定要有方便的灌溉系统，但地势较平坦、土壤较深厚的地方，并不一定有充足方便的水源。而在这样的山区，水流经过之处往往狭窄陡峭，别说大面积开垦，恐怕立足都不容易。

羌人的解决之道是：利用人工挖渠或铺设水管，将水流沿等高线引到最高处的耕地，然后顺坡而下，依次浇灌下面的农田。既然土地搬动不了，那就把水“牵”过来。而寨子就设在引水渠的出水口（图7）旁边，一是保证生活用水的清洁，二是方便维护这个水利工程，更重要的恐怕是控制水源，保障生产生活的安全有序。

图7　蒲溪沟蒲溪大寨水口

贰 农牧用地

土地是生存和生产最基本最重要的资源，对土地的渴望一直是人类争斗不息的动力之源。土地的多寡一般直接决定了人的生活水平，是很长时间以来衡量富裕程度的简单标志（图8）。

在羌族人刚刚迁入岷江上游各支流所在的山地中时，他们只对牧业有较多的经验。所以聚落的选址首先要靠近牧场。在海拔3700～4500米的地方，主要分布有亚高山草甸和高山草甸；而半山和平坝河谷地区，从海拔1422～3300

米的地带上，分布有冲积土、山地褐色土、山地棕土，这一地带是发展农业的好地方。羌族人半牧半农的生产方式逐渐成形，高山上同时拥有牧场和耕地的聚落变得富裕起来。

图 8　蒲溪沟的蒲溪大寨及周围耕地

叁 防御

羌人很长时间处在战火纷飞、颠沛流离的窘境。《羌戈大战》记载了羌族在战国时期的两场战争。一场是与西北草原上追兵的战争；另一场是来到岷江上游地区后与当地土著戈基人的战争。在羌族大事记里，记载了从公元前 12 世纪的商王朝到 1949 年新中国成立三千多年的时间里，羌族经历的千百次起义和战争。新中国成立前，即使羌族内部各部族之间，也因为争夺土地、家族仇杀、日常纠葛，经常引发规模不等的械斗。

因此，在建造聚落时，为防止突如其来的攻击，选址的防御功能非常重要。

蒲溪沟聚落群也可以看作一个立体防御体系：第一道关口，沟口狭小隐蔽，一夫当关万夫莫开（图 9）——进沟约 3 公里后，河谷平坝上才有第一个寨子，既是物资交流中心也是第二个关口（图 10）——经过河坝寨，沿盘山道路向上，才能到达各个大规模的寨子（图 11）——背后有险峻高山为屏。

图 9　隐蔽的沟口是第一道关口

图 10　河坝寨是第二道关口

这个具有良好防御形势的小流域，是乱世中的桃花源，是令人安心的家和堡垒。不仅稳固，而且有森林、草场、水流和田地，可长期生存隐居。真是躲进小沟成一统，管他春夏与秋冬。蒲溪沟，一沟一世界。

图 11　盘山而上才能到达大寨

肆 局部气候适宜

土地的朝向也很重要，背风向阳的耕地最好。日照时间长、光照强，农作物产量高，同样面积的土地能供养更多人口。所以地处阳山的村寨更有可能兴旺发达。现在羌族地区积极发展特色农业，花椒、苹果、车厘子、杏子等产量逐年提高，充足的光照必不可少。

在蒲溪沟，处于南坡的寨子规模更大、居民更多，直接原因就是日照条件好、收成好。据观察，现存的大寨，全部都处于能最早接收阳光的南坡（图 12）。

图 12　蒲溪沟晨曦下的寨子和田地

伍 精神需求

羌人本身信仰“万物有灵”的原始宗教，天有天神，山有山神，树有树神。在高山深谷的大环境中，人类求生不易，他们向高高在上的各种神祇祈求庇佑，将无限崇拜敬献给威力无比的大自然，让自己的精神有倚靠，让灵魂有归宿。

羌族传统村寨的选址忠实地反映了人们的信仰，对朝向的选择是他们的表达方式。聚落的朝向包含了物质和精神的双重意义。从物质层面上讲，朝向要解决避风和御寒的问题；从精神层面上讲，聚落要朝向神的地方。根据羌族人的风水观，大门的方向是“门对槽、坟对包”。所谓“包”，是村寨旁的山顶或山梁子。而“槽”是山间的空隙。透过山间,可以遥望远处连绵的雪山。因此，“开门见山”成全了羌人对雪山、白色、天神等神的朝朝暮暮的崇拜（图 13）。

图 13　从蒲溪大寨看对面雪山

人与人之间有交流互惠也有矛盾纠葛，有联合也有分裂，有投靠也有背叛。丰富多彩的人际关系必然反映在聚落关系上，由此蒲溪沟形成多层次、相对稳定的聚落群格局。

沟内是一个高度稳定的合作组织。沟内各寨血缘相连、世代结亲、守望相助。这些血缘关系结成一张大网，集团的每个成员都处在网络的某一点上。家族、家支等血缘组织被视为神圣不可侵犯，一人受到危害，整个网络都会反击。

沟内有自己的方言，相邻两沟之间语言有一定差异。新中国成立前，两条沟之间的关系是争夺领地、械斗、抢粮。这样的社会关系，导致一条沟就是一个独立的小社会。

沟口是前哨；沟内坝底寨是交往和交换的中心；沟两侧山坡上散落着零星民居；在耕地、光照、水源条件良好的高半山，主要的大寨子分布在各个山坡上；高山区则是水源涵养林，在羌族传统文化中，崇拜神树，每年祭山祭林，仪式过后封山育林，万物生息。域内海拔变化，从低到高依次分布次生林—农田果园—原始森林—草地，生产方式也是农牧结合、兼营采集。这是一个古老的可持续发展系统。蒲溪沟聚落的石碉房民居也同样生根于这片土地，依山就势，质朴雄浑。石材、木材、生土，利用这些就地取材的建筑材料建造起的羌族民居具有鲜明的个性，总是给人以强烈的视觉冲击（图 14 ～图 17）。石碉房厚墙收分，结构坚固，抗震性能良好。传统羌族社会，几乎人人会石作技术，因此石碉房一般是家庭自建。建筑过程原始，没有绘图、放线、吊线等步骤，全凭经验掌握外墙收分。石碉房以石材作为墙体材料，泥土作为砌筑材料，就地取材，成本低廉。墙中砌入木条增加横向拉结。在结构上，是外墙、内框架共同承重，木梁一端直接插入墙体，另一端支撑在内框架柱上，容易获得较大空间。

图 14　蒲溪沟石碉房

图 15　石碉房二楼的主室

图 16　蒲溪沟老宅

图 17　蒲溪沟聚落内部

结 语

蒲溪沟的羌族聚落，孕育于这片峡谷深处的山脉。自然并没有厚待羌人，是羌人自己循着山的肌理、水的脉络、太阳的轨迹，找到了繁衍生息的乐园，创造了雄伟的聚落。

参考文献

[1] 季富政．中国羌族建筑［M］．成都：西南交通大学出版社，2002.

[2] 李路．杂谷脑河下游羌族聚落演进研究［D］．西南交通大学，2004.

[3] 任乃强．羌族源流探索［M］．重庆：重庆出版社，1984.

[4] 马长寿．氐与羌［M］．上海：上海人民出版社，1984.

[5] 俄洛·扎嘎．人文中华·蜀西岷山——寻访华夏之根［M］．成都：四川人民出版社，2002.

[6] 王明珂．羌在汉藏之间——川西羌族的历史人类学研究［M］．香港：中华书局，2008.

[7] 中华人民共和国住房和城乡建设部．中国传统建筑解析与传承 四川卷［M］．北京：中国建筑工业出版社，2016.

作者简介

李路，西南交通大学建筑与设计学院副教授。

图片来源：本文插图均由作者拍摄及绘制。

引言

建筑是时代的产物、历史的实证，是了解和认识历史发展演变的重要依据。在主流历史中，乡土聚落往往并非关注的焦点。一方面，史学家们多以文字记载的历史为研究对象，而乡土聚落中的“面对面社群”却甚少使用文字[1]；另一方面，乡野平民的生活往往因习以为常而微不足道，故而“有史以来”多在“有史之外”。然而，乡土聚落与建筑作为乡土社会与文化的产物，并不仅仅是一个扁平的标签和符号，用来寄托对想象中遥远过往的怀旧愁思；乡土聚落与建筑同样具有历史的层次与厚度，它们在历史的演进与层叠中所形成的多样化的形态及其所承载的多样化的社会文化，正是其最为宝贵的价值之一。

壹 纳西族历史地理

纳西族人口约 30 万，包含自称“纳”、“纳西”、“纳日”、“纳恒”、“玛莎”、“阮可”等的人群[2]，在民族识别工作确定族称前，他们被称为“么些”(moso)，也在文献史料中被称为“磨些”、“摩沙”等。他们经过长期的历史迁徙和发展，逐渐分布到了滇、川、藏交界地区，聚居在金沙江、澜沧江中游流域的横断山山区之中。

唐代之前，纳西族甚少见于史册，学界对其族源较主流的观点是方国瑜等主张的“羌人说”，即纳西族源于从河湟地带向南迁徙的古羌人支系——牦牛羌，从大渡河地区迁徙到了雅砻江下游地区[3]。从唐代开始，“磨些”部族逐渐繁盛，其分布区域扩大到了今天的川西南与滇西北一带[4]，这一时期的“磨些”势力大致可以分为三支：四川木里、盐源一带的东部支系，金沙江沿岸的西部支系，以及丽江一带的中部支系，他们处在唐王朝、吐蕃和南诏三大政权之间，战争不断。

至元代，丽江先后设茶罕章管民官、宣慰司，丽江路军马总管府、宣抚司，中部支系的力量不断壮大，并与西部支系逐渐融合。这一支纳西族在明代进一步发展，其土司得赐汉姓木，不仅管辖着丽江军民府之四州一县，而且势力一度深入到香格里拉、德钦、维西、芒康等地，达到了鼎盛时期，直至丽江在清雍正元年（1723 年）改土归流，木氏土司的鼎盛时期方宣告结束。而分布在四川木里、盐源和云南永宁一带的纳西族则一直保持着相对独立，这就形成了今天纳西族东部方言区和西部方言区的大致格局。

纳西族的历史迁徙是一个沿着多条路线进行的复杂过程，但从区域整体来看，仍然有一个大致的迁徙方向。李霖灿先生就根据对么些象形文字演变的研究，提出了么些人迁徙的大致路线（图 1），这条路线亦为之后诸多的研究所印证 。他认为，纳西族先民从贡嘎山北面南迁至木里一带时，分为了两支：一支迁徙到永宁及以东的木里、盐源一带，成为自称“纳日”的族群，是无文字的一支，他们居住的地带就是东部方言区；另一支从无量河下游的“若喀”(即阮可）地域迁徙到北地（即白地）一带，再经宝山、丽江、南山而进入鲁甸一带，他们居住的地带就是西部方言区。

由于纳西族分布的地区交通相对封闭，因此他们在澜沧江、金沙江及其支流无量河、雅砻江流域迁徙过程中不同历史时期、不同发展阶段的社会文化特征得到了不同程度的留存，也在其乡土聚落与建筑中得到了体现，形成了丰富的历史层次与物质形态。

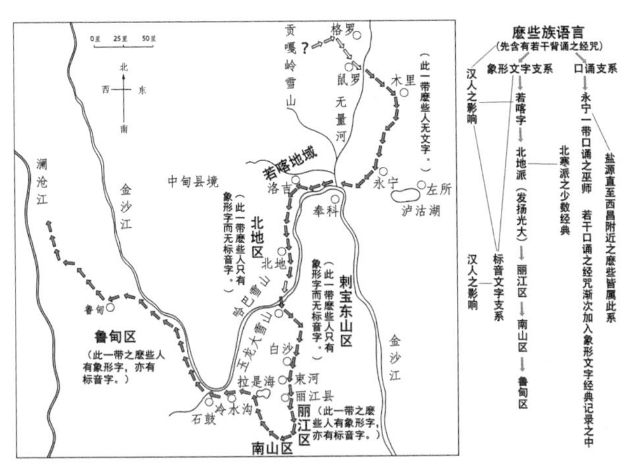

图 1　纳西族迁徙路线示意图

图片来源：改绘自李霖灿《么些象形文字标音文字字典》

贰 生计特征与聚落

纳西族早期的生产生活，在东巴经文中有较多记载，其中描述了纳西先民靠狩猎采集、放牧牛羊和粗放的刀耕火种而生活的场景。从这些经济生产方式来看，这个阶段的纳西族尚未进入稳定的定居生活，也尚未开始营造稳定的聚落。

到宋元时期，史册中开始出现了对纳西族聚落的记载。成书于 14 世纪的《云南志略》中，描写“末些蛮”分布在大理与吐蕃之间，“依江附险，酋寨星列，不相统摄”[5]。这些“依江附险”的纳西村寨体现出了很强的防御性，这与该地区的民族分布是密切相关的。自唐代以来，纳西族便处于北面的吐蕃势力和南面的南诏、大理政权，以及东面的汉王朝之间，是各方势力对峙的核心地带。因此，防御性便成为诸多纳西聚落（尤其是金沙江畔的聚落）在营建中考虑的重要因素。

玉龙县宝山乡的石头城就是一个典型的防御性聚落（图 2）。它位于金沙

图 2　宝山石头城
图片来源：李君兴提供

江畔，著名的“元跨革囊”的发生地太子关就与之毗邻。石头城以城门为界，分为内城和外城。内城位于金沙江畔一块巨大的岩石之上，三面峭壁，仅有一条小路通过其城门出入（图 3），地势险要、易守难攻。城内一直保持 108 户的规模，其格局街巷长久以来都没有发生大的变化，分家产生的新家庭和较晚迁来的人口则居住在外城。外城同样依山而建（图 4），主要道路沿等高线分布，

图 3　石头城内城城门

村民开垦的梯田多分布在外城周围。以往村中遭遇流寇时，所有的村民便退入内城，抵御外敌。

图 4　石头城外城

与金沙江沿岸一带不同，江湾地带不处于战略要地，相对安定一些。在元代成为滇西北地区的统治中心后，这一带的社会经济得到了长足发展。《元一统志》描写通安州曰“地土肥饶，人资富强”，丽江坝区在十三世纪中叶不仅有了广阔的农田和发达的灌溉系统，农业生产跃居经济生产的主要地位，而且手工业也逐步发展，各种手工业产品与农产品、矿产品、畜产品共同促进了商业的发展 [6]，农业型和商业型的聚落也随之产生。

农业型的聚落多分布在坝区 [1]。这些坝区的村落大多选址在坝区边缘的山脚，房屋背靠山脉，顺应地势建造（图 5）。这样的选址一方面留出了坝子中间最为平整的土地用于农作耕种、维系生计，另一方面也利于村子的对外交通。当村落因人口增长而扩张时，人们更倾向于向山上发展，而不是向平坝发展，从而保障用于耕作的土地。

1　纳西族分布的地区山峦纵横，人们把高山之间的平地称为“坝子”，是农耕和居住的理想之地。

图 5　坝区的农业型村落

商业型的聚落则多位于人流、道路交通汇聚之地，以利于进行商品交换。例如，丽江的大研镇纳西语成为“公本芝”，尽管对这个名字有不同的解释，但都与“集市”这一含义相关，可见其作为商业中心的影响力。江湾一带的纳西族最早的中心位于白沙，大研能成为区域的商业中心并最终取代白沙成为治所，与其地理位置是分不开的。大研不仅位于坝区中央，有利于对整个坝区形成辐射，而且也有利于使丽江坝在更广泛的区域内成为交通枢纽。自此北行可连接香格里拉进入藏区，通往拉萨、加尔各答，南行可经由鹤庆或剑川连接大理，东去则可经永宁而进入四川。因而，大研成为了茶马古道上的重要节点，也随茶马古道的兴盛成为了一个商业重镇。而大研镇内的四方街作为七一街、五一街、新华街、黄山街等一系列主干道路的交汇点，自然成为了商业活动的中心（图 6）。

图 6　大研镇四方街鸟瞰
图片来源：朱良文《丽江古城与纳西族民居》

叁 社会家庭与建筑

家庭是聚落的基本社会单元，家庭的结构形态往往会对居住建筑产生影响。纳西族在历史上曾经出现过多种类型的婚姻家庭形态，例如东巴经文中描述的早期血缘群婚家庭、土司等统治阶级中父系继承的一夫多妻家庭、男女平等的双系家庭等。如今，纳西族中最具代表性的家庭形态有两类，一类是东部方言区的母系家庭，另一类是西部方言区的父系家庭。

在永宁和木里、盐源一带的摩梭人中，还遗存着母系社会“走婚”的婚姻形态。人们按母系血缘分为若干个血缘集团，不同集团之间有比较习惯的通婚关系，男子晚上到女子家中偶居，白天返回自己的母家，子女归女方，所有的生产生活在母亲的家庭中进行。在这样的家庭中，人们只知其母、不知其父，女性是家庭的中心和计算世系的依据。

这样的母系大家庭被称为“衣杜”，是一个共同生产、生活的单元，大家庭的院落则成为聚落的基本空间单元（图 7）。院落通常包括四个部分：祖母房、经堂、花楼和草楼。祖母房体量最大，是一家人日常起居、饮食的场所，也是老人和小孩的卧室；经堂是供奉藏传佛教的佛像、经书，供喇嘛诵经的场所，往往是家中最华丽的建筑；花楼是成年女子的住处，每人有一个单独的房间，方便各自走婚；草楼则用来圈养牲畜、储存草料。大家庭中的居住者们按照性别和辈分扮演各自的角色，院落家宅的布局同样也与性别和辈分相对应，这一点在祖母房的主室中得到了最集中的体现：主室分为左右两个开间，一侧开间设有低矮的下火塘，供妇女们起居，主人和客人分列火塘两侧，以靠里的位置为尊（图 8）；另一侧开间是高床式的上火塘，供男性使用，火塘四周设有可供坐卧的台子，沿墙的两侧分别是主人和客人的座位，同样以靠里的位置为尊（图 9）。家庭结构与建筑布局，在摩梭人的祖母房中形成了生动的对应关系。

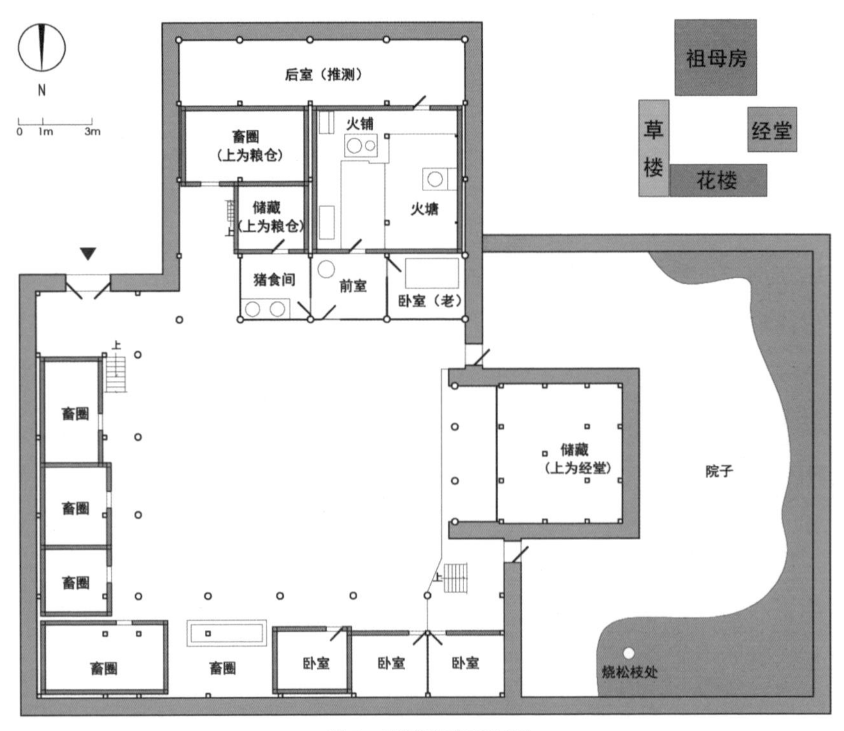

图 7　摩梭院落平面图

在纳西族的西部方言区，家庭形态普遍为一夫一妻制的父系家庭，继承时财产均分，由幼子继承祖屋、赡养父母。处于父系社会的纳西族建筑，其布局与母系社会中的建筑有了明显区别。

图 8　女性的火塘

例如，位于“若喀”地域的纳西族普遍居住在二层的土庄房中（图 10），土庄房的一层关养牲畜，二层用于居住。居住层的主室延续了摩梭人祖母房中与男性对应的那部分空间，设有高床式的火塘（图 11、图 12）。不同的是，火塘靠墙两侧的木床一侧供男性使用、另一侧供女性使用，男性的木床更宽大一些。再如，在纳西

图 9　男性的火塘

图 10　“若喀”地域的土庄房

图 11　土庄房中的火塘

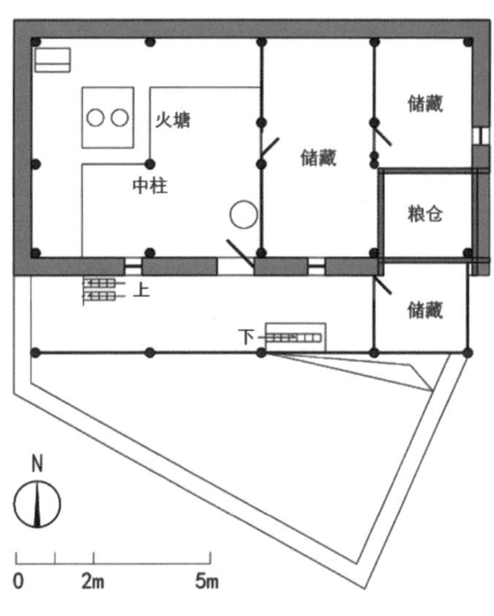

图 12　土庄房居住层平面图

族历史迁徙路线中位于“若喀”地域下游的白地一带，林木资源十分丰富，多使用井干式墙体、木板或瓦屋顶的木楞房。尽管建筑的材料及形态与“若喀”地域的土庄房颇为不同，但正房内部设置的火塘的布局与使用均和土庄房的火塘十分相似（图 13）。与摩梭人的祖母房相比，这两个地区的建筑体量较小，主要的起居空间从母系社会大家庭的双核心空间变为了单核心空间，且在使用上男尊女卑，是与当地父系社会的家庭结构与规模相适应的。

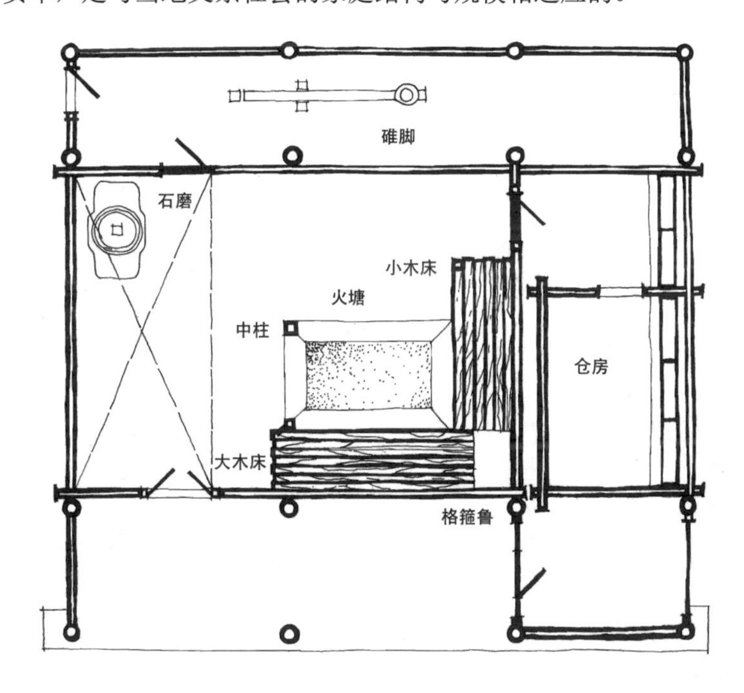

图 13　木楞房平面示意图
图片来源：改绘自蒋高宸《云南民族住屋文化》

肆 精神信仰与空间

在乡土建筑中，空间不仅容纳了居住者的世俗生活，也容纳了他们的精神信仰，反映着人们对世界的认知。纳西族存在着多样化的精神信仰，也在建筑中形成了多样化的精神空间。

在纳西族东部地区，藏传佛教流传较广。永宁一带在么些迁入之前就是吐蕃居住之地[1]，么些迁入后也与吐蕃比邻而居，因而深受藏传佛教影响。这一带的聚落不仅多围绕较大的佛教寺庙形成发展，而且家宅中通常会设置一栋经房来供奉藏传佛教的佛像经书、供喇嘛诵经，并且将其装饰得十分华丽（图 14）。此外，东部地区还存在着较多与原始信仰相关的精神性空间。例如，摩梭人的下火塘中设锅庄石，是祖先崇拜的体现，每次吃饭前都要先分食物到锅庄石边，意为供请祖先。祖母房中有两棵取自同一棵树的柱子，男柱取自树梢，女柱取自树根，象征家中男女来自同一母系血脉，是家中男性和女性进行成年礼的地方；这种对男柱和女柱的崇拜，来自于对人口繁衍、家族绵延的重视，是生殖崇拜的延续和体现。

图 14　摩梭人的经堂

1　《元史·地理志》有“永宁州地名答蓝，磨些（编者注：么些）蛮祖泥月乌逐吐蕃，遂居此赕”的记载。

西部方言区的纳西族普遍信仰东巴教，它从唐代开始萌芽，在宋元时期发展成形，处于从原始宗教向人为宗教过渡的阶段：一方面，它保留有自然崇拜、祖先崇拜、生殖崇拜等原始宗教的特点，没有独立的宗教组织和专门的宗教场所；另一方面，东巴教中的祭天等活动必须按照特定的血缘、地域派系为单位进行，东巴祭司通常有家族世袭的传统，东巴教有自己的文字、经书，所有的仪式都有固定的规程，形成了一套体系架构。

东巴教的宇宙观与空间观，在纳西族的建筑空间中得到了充分体现。在“若喀”地域的土庄房和白地的木楞房中，正房中都有一颗中柱，火塘一角设有神龛，是东巴祭司专用的宗教空间。这棵中柱在当地语言中是擎天柱的意思，柱子上装饰有象征天的云形木板，被人们作为支撑天地的象征（图15）。东巴神话中有几种对天地空间模式的解释：一种是“天柱模式”，认为天地是靠东、西、南、北和中央五根大柱子支撑起来的；一种是“神山模式”，认为天地是居那茹罗神山支撑起来的，日月都围绕其旋转；还有一种则是两种模式的融合版本。不论是柱子还是神山，都是人工修建的，在纳西先民的观念中，宇宙的结构是通过一系列建造工程形成的。房屋里的中柱，可以看成纳西族对远古时期天地秩序的模仿和重现[7]。

图15　土庄房的中柱

结语

传统是一个不断发展的动态的历史过程，而乡土聚落与建筑则是这个过程在物质空间上的投射与体现，在时间的推移中，层叠的历史亦会造就丰富的聚落与建筑。生活在横断山区的纳西族，他们的乡土聚落与建筑就生动地展现了其所承载的不断演进的民族历史。在金沙江、澜沧江流域长期的历史迁徙、劳作生息过程中，纳西族基于农业、商业等不同的生计模式而定居，发展出了母系、父系等不同的社会家庭形态，形成了东巴教、藏传佛教等不同的精神信仰与认知；这些内容不同程度地影响了他们居住生活的物质空间的形制特征，造就了纳西族乡土聚落与建筑的多样性，体现出了丰富的历史层次与文化内涵。

参考文献

[1] 费孝通．乡土中国［M］．上海：上海世纪出版集团，2007：12-17.
[2] 郭大烈，周智生．家住长江第一湾的纳西族［M］．武汉：湖北教育出版社，2006：16.
[3] 方国瑜．方国瑜文集：第四辑［M］．林超民编．昆明:云南教育出版社，2001：1-19.
[4] 樊绰．蛮书［M］．北京：中华书局，1985.
[5] 郭松年，李京．云南志略［M］．昆明：云南民族出版社，1986：93.
[6]《纳西族简史》编写组．纳西族简史［M］．昆明：云南人民出版社，1984：40-47.
[7] 田松．神灵世界的余韵——纳西族：一个古老民族的变迁［M］．上海：上海交通大学出版社，2008：26.

作者简介

潘曦，北京交通大学建筑与艺术学院，博士，讲师，硕士生导师。邮编：100044，E-mail：panxi@bjtu.edu.cn，Tel:13810330076，北京市海淀区上园村3号。

图片来源：本文插图除标注外均由作者拍摄及绘制。

撒拉族传统民居木装饰艺术特征浅析

引言

青海省循化县是我国唯一的撒拉族自治县，据 2010 年全国人口普查，撒拉族总人口约为 13 万人，其中循化县约占总数的 90%。撒拉族是我国信仰伊斯兰教的 10 个民族之一，宗教信仰造就了撒拉人整洁、团结、知足、刚毅、互助的民族精神。

撒拉族先民属于西突厥乌古思部的撒鲁尔人，其先民来到循化后在现在的街子镇形成了最早的撒拉族穆斯林聚落。撒拉文化中伊斯兰文化占主导地位，表现在聚落层面上就是典型的“围寺聚族而居”聚落属性[1]。此外,“血缘”是撒拉族村落空间结构的另一个重要特征，撒拉村落惯以“孔木散”[2]为单位而聚居。

撒拉族民居建筑主要为土木结构的生土民居，由院墙、正房、厢房、庭院、大门构成了一个完整的内向封闭性庄廓式合院民居（图 1)。其中，庭院常见平面布局有“L”、“凹”、“口”等；正房坐北朝南，有独特的撒拉民居“虎抱头”平面形制；夯土筑成院墙，院内多种植花草树木。还有一种则是当地过去富裕人家建造的一种两层土木楼房，一层以夯土或土坯墙做围护结构，二层则在忍冬木、红端木编织的篱笆之上抹以草泥做围护墙面，当地人称这种建筑类型为篱笆楼（图 2)，篱笆楼在空间形制和装饰艺术上沿用了撒拉族特有的民居文化及宗教文化特征。木装饰作为传统撒拉族庄廓院和篱笆楼唯一的建筑装饰，具有重要的艺术及宗教文化价值。

图 1　撒拉族庄廓式合院民居

图 2　骆驼泉中复原的明清篱笆楼

1　王军，李晓丽．青海撒拉族民居的类型、特征及其地域适应性研究 [J]．南方建筑，2010(6).
2　孔木散：撒拉语“一个根子”的意思，是远亲的父系血缘组织。

壹 宗教思想对建筑装饰美学的影响

宗教文化已渗透到撒拉人的社会制度、民俗文化、居住生活的各方面，不谈伊斯兰文化及其装饰美学就无法研究撒拉族传统民居及其建筑装饰艺术。

伊斯兰教宗教思想讲求对真主的尊崇，并明令规定禁止膜拜神像，禁止把人物以及鸟兽之类作为礼拜的对象来描绘。其教义中不容许对宗教的基本概念和观念做出形象生动的注释，因此信徒们在实践中力求赋予伊斯兰教教义迷人的形象，这些歌颂自然之物、歌颂经文的建筑装饰纹样正是撒拉人描绘自己脑中诗意景象的一种方式。

■ 对建筑装饰题材的影响

伊斯兰宗教影响下的建筑纹样种类繁多，按题材主要分为三个类型：几何纹、植物纹、装饰文字纹。

几何纹：闭合的几何纹象征着完美的精神境界，几何纹样表现出精美玄妙的节奏和秩序感，营造出一个虚幻的、无限扩散、永恒流动的宇宙空间，代表了精神境界的永恒。

植物纹：植物纹是伊斯兰装饰中最为常见的纹样，既出现在建筑装饰中，又出现在民族服饰中。该纹样中葡萄叶、棕榈叶是使用最多的题材，伊斯兰植物纹样以蔓草纹为主，蔓草纹如常春藤般无间隙地填满了既有形态的装饰区域，延绵不绝，繁茂丰富，也是伊斯兰装饰纹样的精髓。

装饰文字纹：鉴于宗教文化的传播，伊斯兰信徒对书法十分重视，书法家们通过师法古人和创新，创造了各种优美的字体。其中，库法体和纳斯希体是建筑题铭上应用最广泛的字体。有时匠人们会将文字纹与蔓草纹相结合，填补空白，丰富装饰效果。

■ 对建筑装饰色彩的影响

伊斯兰建筑装饰在色彩上的运用，是不同民族主观审美意识的作用结果。伊斯兰教在色彩上遵循“崇高说”,“崇高”是集自然界中所有的色彩美为一体，使整个装饰对象呈现出一种美轮美奂的幻想美。因此，信奉伊斯兰教的民族用色往往浓重而斑斓，如撒拉族民居中常见的金黄色，纯粹且无渐变，代表了凝重庄严的崇高感，唤起人们热烈的向往之情，产生神圣之感。

■ **对建筑装饰细部的影响**

伊斯兰装饰纹样的最大特点是极度繁密精巧的装饰细部组织。不同于中国传统艺术的留白手法，伊斯兰装饰纹样呈密集繁复、密不透风的锦绣之态，无论是建筑装饰，还是纺织品、工艺品，均可在细密画中可见一斑。建筑装饰艺术同样崇尚这种繁密感。

建筑装饰细节遵循严格的秩序感，整体统一。尽管纹样类型多元化，但细部线条变换手法却保持统一的清晰脉络，所以伊斯兰建筑装饰给人以和谐统一的印象。无论是布局、节奏，还是色调，都体现出典型的韵律美。

贰 撒拉族传统民居建筑木装饰艺术

■ **装饰材料**

民居建筑装饰木雕中常用的是本质坚韧、文理细密、色泽光亮、合蜡性强、切面光滑的硬木。循化县森林资源丰富，为传统木雕艺术提供了优良的原材料；撒拉族民居中常见的木雕装饰选材为松树、杉树、杨树，它们色泽各异，适用于不同的建筑木作装饰部位（表 1）。

表 1　循化地区常用装饰木材材料特性分析

树种	材料特性	材料应用	备注
松木	松木年轮分界明显，树脂道多，木质较为松软，木纹具有强烈的装饰趣味	适宜雕刻纹路变化丰富的窗棂等结构简单、纹样复杂的造型	鉴于循化当地森林保护政策，现在市场交易中的松木多进口自俄罗斯
杉木	材质坚韧轻盈，木纹明显、变化多端，颜色分布均匀	适合雕刻线条流畅、变化丰富的木作部位	循化盛产杉木，但现在民居木构件中的杉木用料多来自四川
杨木	木质松软、组织致密，纹理规则	适宜板料类的木作雕刻	杨树产量大，性价比较优

调研中发现现有的撒拉族民居多会在建筑木雕装饰下垫衬同比大小的薄胶合板，有的还会在木板上加垫绿、红、蓝、紫等彩色的塑料薄片或薄涂彩漆以丰富建筑装饰的表现力，且有效增加建筑木雕装饰的寿命。

■ 装饰题材

在传统撒拉族民居中，最为常见的建筑木装饰纹样为植物纹，其次是几何纹和装饰性的文字纹。

植物纹中最常见的为葡萄纹、石榴纹以及各种演变而来的卷草纹。阿拉伯语里葡萄是美好事物的象征，葡萄亦为财富的象征，或用来比喻可爱的事物。阿拉伯语里葡萄与荆棘常并列出现，比喻善与恶、好与坏［图 3（a)］。

撒拉族民居中常见的文字纹多以纳斯希体为蓝本，不同于库法体棱角分明的坚硬感，纳斯希体形式贯通流畅，具有极强的装饰效果，是撒拉人日常生活中宗教信仰的一种直接表现［图 3（b)］。

几何纹在撒拉族民居建筑木装饰中常被用于门窗及檐口，以一种精简的几何变换形式出现。圆形几何纹象征独一无二、完美无缺及地球的唯一中心性等宗教观念;矩形演变出来的几何纹则代表了四季、四方、四种美德［图 3（c)］。

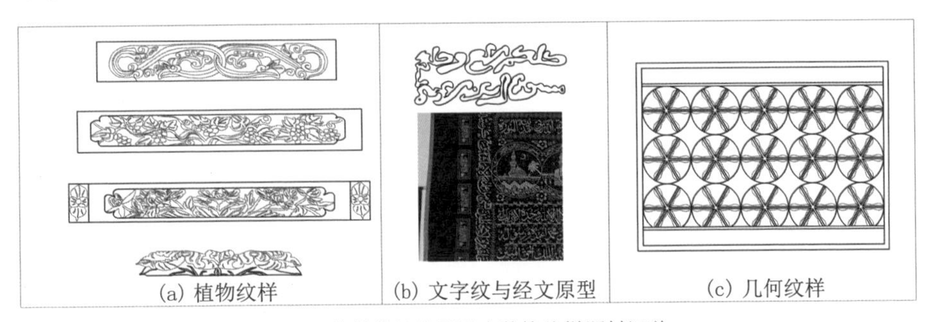
(a) 植物纹样　(b) 文字纹与经文原型　(c) 几何纹样

图 3　传统撒拉族民居木装饰纹样题材汇总

■ 装饰色彩

传统撒拉族庄廓中木装饰惯用木材原色，而现在撒拉人喜爱在木构架上涂上金黄色的清漆，清漆叠加层数越多颜色越深，大片金黄色连成一片，极具象征意义。伊斯兰教义中明确歌颂了代表纯洁美的白色和绿色，此外，世代经商的撒拉人崇尚金黄色，将之视作财富的象征，纯粹的金黄色亦代表了一种神圣的真主崇拜。再者，黄色延续了青海传统庄廓院的夯土色，也符合撒拉人审美中对于纯洁美的追求。

撒拉族篱笆楼则是从建筑主体到装饰细部呈现出统一的深褐或黑色。篱笆楼的传统营建中以桐油处理木材，桐油层层叠加下木色愈发凝重，与传统撒拉族庄廓院相比，篱笆楼在装饰色彩上更具有深厚的神圣感（表 2）。

表 2　传经撒拉民居木装饰色彩分析

项目	建筑原型	色彩提取
大门		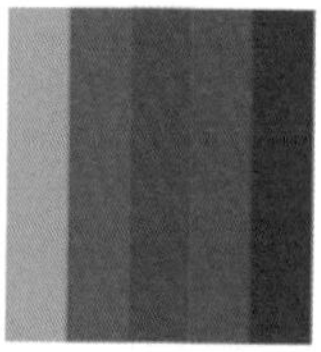
开窗		
细部装饰		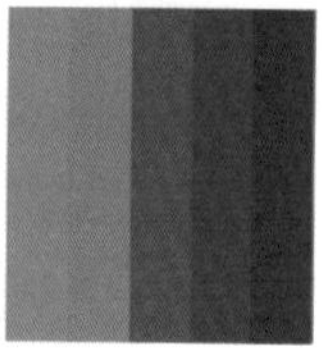

■ **装饰寓意**

民居建筑装饰艺术与一个民族的生活环境紧密联系，撒拉族民居木装饰艺术既体现了强烈的宗教文化，又表现了一定的本土文化色彩。表面上看，撒拉民居的建筑木装饰与其他伊斯兰建筑木构装饰一样，有一层含义象征着吉祥如意，寓意美满的幸福生活；另一方面，信仰伊斯兰教的撒拉人选择了自己特有的建筑木装饰表现艺术，从花卉纹到卷草纹，从几何纹到宗教文字纹，从材料到题材，从细节到色彩，归根到底，都是一种图腾崇拜，表达了撒拉人在循化这片土地上特有的生活审美态度与宗教信仰。

叁 撒拉族传统民居木装饰类型及特点

根据传统撒拉族庄廓院及篱笆楼中木装饰类型及特点，将其主要装饰部位分为院落大门、门窗、檐口、护栏四部分分别进行论述（图 4），并对其木装饰的题材、色彩、特性展开进一步论述。

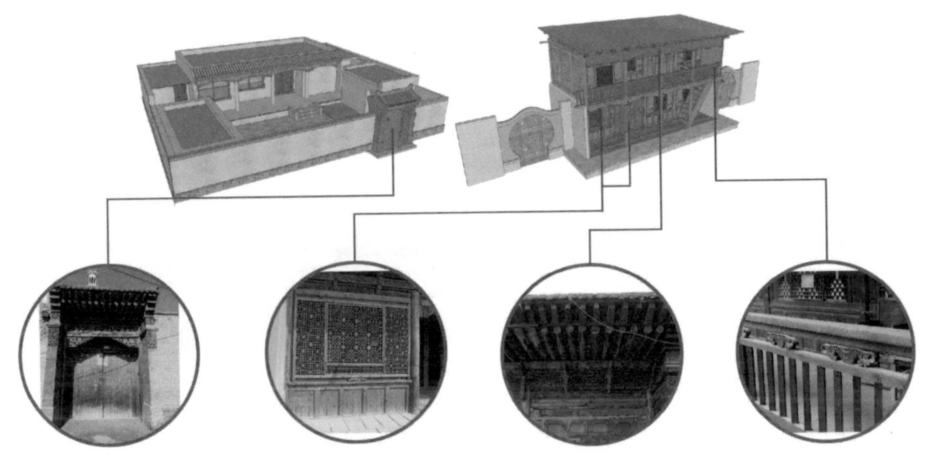

图 4　撒拉族庄廓院与篱笆楼中木装饰位置图示

■ **院落大门**

撒拉族庄廓的院落大门多为双坡硬山式（图 5），梁架结构，檐头高挑，砖石门柱，双扇松木门板大门；木雕装饰集中在门头部分，一般大门中为两到五层梁枋，在之上为檩条、屋檐、瓦当，屋檐翘起，无吻兽。撒拉族的大门门头相对复杂，雀替、梁枋、柁墩、斗拱、檩条、椽、瓦当、滴水、飞檐一应俱全。

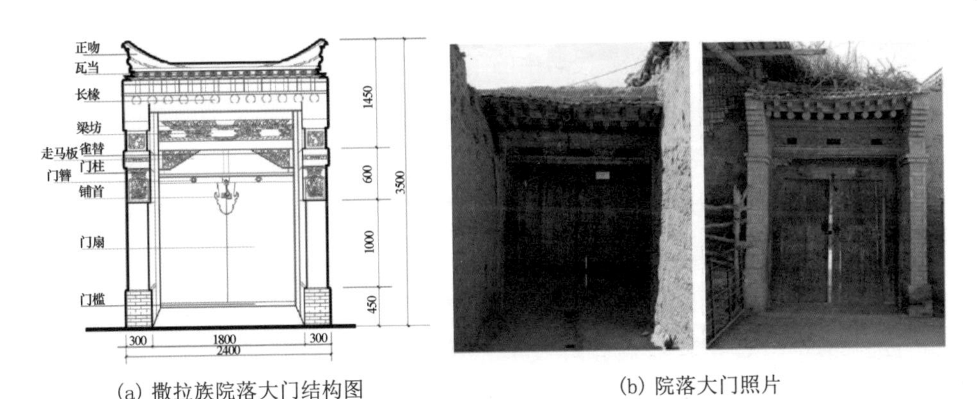

(a) 撒拉族院落大门结构图　　(b) 院落大门照片

图 5　撒拉族院落大门解析

大门外部大梁及檩子上精细的木雕被称作“花槽”，花槽一般少则两至三道，多至十几道。伊斯兰礼拜中有传统的奇数崇拜，教历中将单数月份称为“大建”，即大月，这种奇数崇拜也反映在传统民居的花槽道数上。花槽中最常见的是植物图案，层层叠叠，千姿百态，传统风貌保存较好的民居大门则较简单，花槽控制在三道以内，只在梁枋位置做简单的回字纹、如意纹等几何纹样装饰（图 6）。

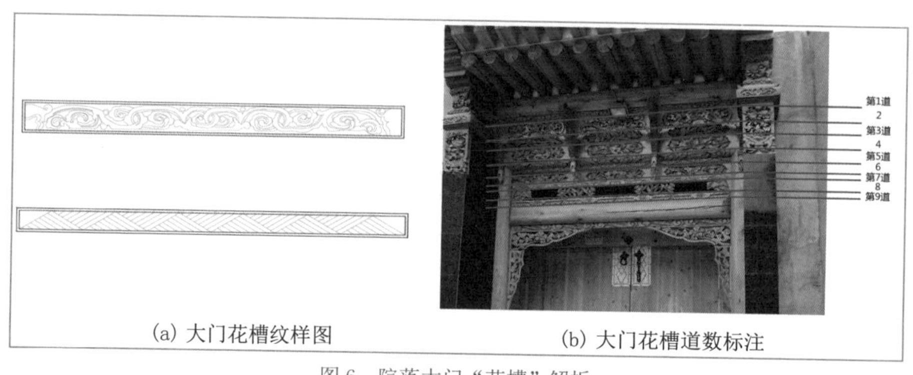

(a) 大门花槽纹样图　　(b) 大门花槽道数标注

图 6　院落大门“花槽”解析

相比华丽的庄廓院大门，篱笆楼院的院落大门要精简得多，桐油铺过的木料色彩浓重沉稳，细部装饰上只以木材展示结构肌理或将花槽限制在三道以内。

■ 门窗装饰

与院落大门相比，撒拉族民居中的门窗木装饰相对精简。在庄廓主房和厢房的门窗位置通常只以最简单的矩形几何纹样进行装饰，矩形的四角以圆弧形状变换收束。尽管木装饰纹样已被简化，门窗整体的木装饰布局还是遵循着伊斯兰艺术中“以中为贵”的构图美学，从整体门窗木装饰布局到木雕纹样细部都延续了这种对称的韵律节奏（图 7）。

传统的篱笆楼在门窗部位延续了地域材料的肌理并以传统的中国木格花窗进行细部装饰。木格花窗以圆形、方形或菱形为基础，交叉组合，构成了形式多样的几何样式，精巧玄妙，工整而富有一定的形式感（图 7）。

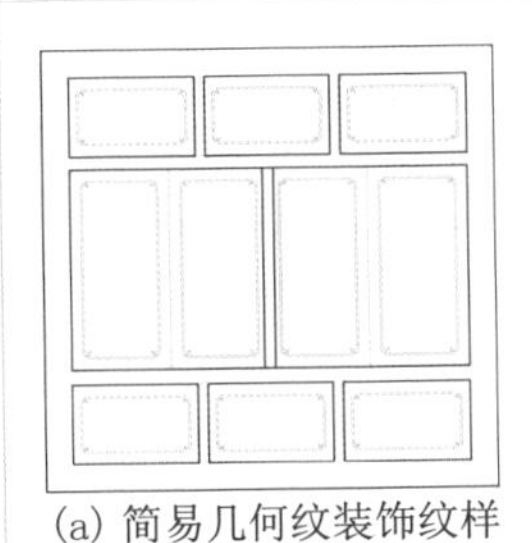
(a) 简易几何纹装饰纹样

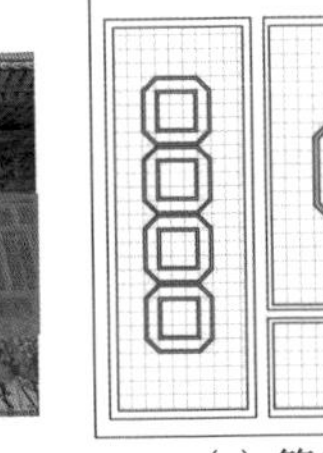
(b) 门窗立面关系分析

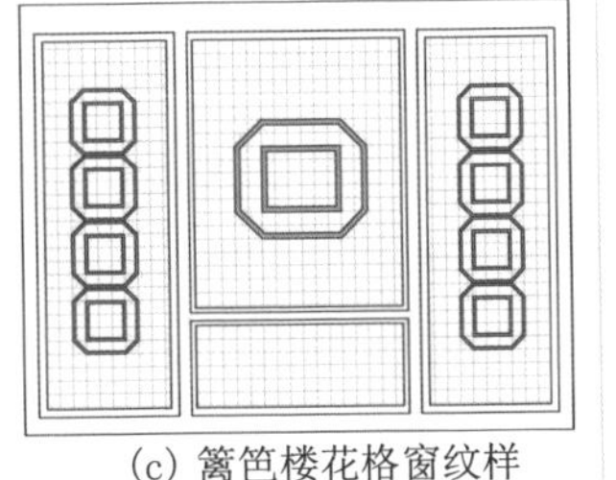
(c) 篱笆楼花格窗纹样

图 7　撒拉族门窗木装饰分析

■ **檐口装饰**

檐口位置的木装饰也是房屋主人彰显财富与审美的重要表现手段之一。檐口的结构组织与大门有相似之处，雀替、梁枋、垂柱等成为了檐口装饰的重要表现符号。

雀替中常见的是以莲花叶为代表的草叶纹，木雕生动地表现出肥厚的莲叶，与其他卷叶纹一起绵延开来，毫无间隙地填满了几何状的雀替装饰区域。纹样采用柔美的曲线，婉转缠绕变化毫不中断，是伊斯兰文明中经典的“阿拉伯式花纹”。梁枋则由一道道精美的花槽构成，花槽的道数与精致程度代表了屋主的身份地位。梁枋花槽中多种纹样交替组合出现，常见的有石榴纹、草叶纹、梅花纹、葡萄纹、棕榈纹等，这些植物纹样展现出繁茂丰富的面貌，交错重叠，精美至极［图 8(a)］。除此之外，部分撒拉民居还会附加垂柱装饰，使檐口装饰更为多元化。垂柱装饰以几何纹叠加葡萄、玉米的植物纹构成，象征丰

(a)檐口花槽木装饰

(b)檐口垂柱木装饰

图8　檐口木装饰分析

收与美好的生活愿景[图8(b)]。

撒拉族庄廓中主房和厢房常见三开间形制，每一跨的檐口装饰均为三分，每一部分的装饰纹样选择并无固定规则，可为同一图案，可为三种图案，亦可以在图案布局上细部对称。但檐口装饰与门窗保持一致，均在整体建筑形制上保持以中为贵的对称关系。

■ **护栏装饰**

护栏木装饰特指篱笆楼中二楼围护护栏的木雕艺术。护栏木构中装饰纹样分为两类：一类是以莲花叶、草叶纹为主的木雕；一类是以波浪纹为代表的几何纹样。莲花，另有富贵莲之称，寓意富贵满堂；波浪纹则暗指永恒流动的宇宙空间。与其他位置的木构装饰相比，护栏木饰的形制要简单得多，但在平面构图上它依旧以三分或四分的形式呈现韵律美（图9）。

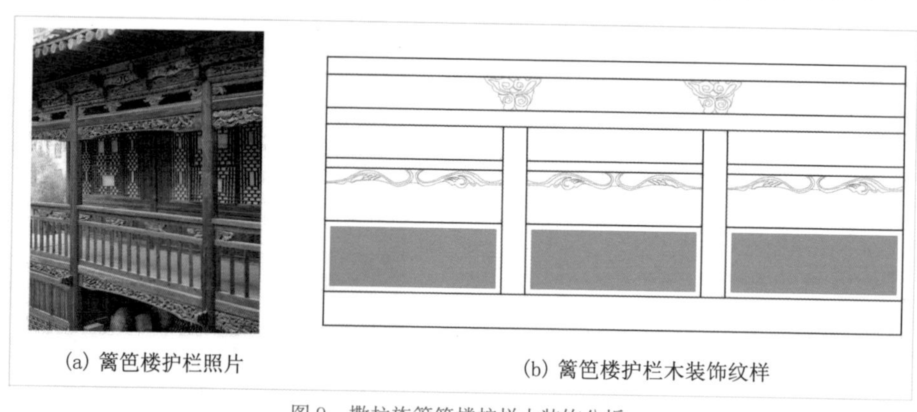

(a) 篱笆楼护栏照片

(b) 篱笆楼护栏木装饰纹样

图9　撒拉族篱笆楼护栏木装饰分析

■ **小结**

撒拉族民居木装饰在院门、门窗、檐口和护栏上体现了伊斯兰教生活化的一面。不管是对自然植物抽象化的花草纹样，还是从几何图形转换而来的几何条纹，抑或是代表伊斯兰信条的文字纹样，这种古老的阿拉伯艺术，在地域文化影响下形成了独具一格的装饰风格。院门、檐口处繁复的花槽装饰与门窗、护栏中简化的几何纹样韵律节奏都极富地域民族特点。伊斯兰信仰借助民居建筑木装饰艺术，对撒拉人的日常生活产生了规范化、宗教化的影响，营造出了独特的建筑装饰艺术表现氛围。

肆 撒拉族传统民居木装饰艺术的传承探究

■ 传统民居建筑装饰艺术保护存在的问题

笔者实地调研发现，在撒拉族新建民居中传统的装饰艺术被沿用了下来，居民本身对这种富有伊斯兰文化的传统建筑艺术也颇为喜爱，然而乡村建设中撒拉族建筑木装饰所彰显的等级与财富象征被畸形放大，民居木构的色彩愈发奢华，建筑构件的尺度也被不成比例地扩大了，传统的民居木构件及木装饰亦面临着经典流失、精美不再的窘境。

再者，循化境域内施行森林保护政策，木料问题只得通过进口解决，不菲的原材料加之费时费力的传统匠人手工，在一定程度上阻碍了传统民居木装饰艺术的发展。市场受挫下，传统工匠技艺也面临着传承上的困境，民居木装饰艺术保护工作进展缓慢。

■ 撒拉族民居木装饰艺术在新民居建设中的探索

近年来，循化县致力于推进完整的撒拉风貌新民居建设，依托从县域到乡域范围的统一风貌规划，打造地域风格浓厚、配套设施完善、环境优美的撒拉人家新民居。撒拉族民居木装饰艺术是营造撒拉民族氛围空间环境的重要艺术表现形式之一。针对其在新民居建设中的经验，给出以下建议：

(1) 传承方法传统

对于撒拉族传统民居木装饰艺术的传承，不能只局限于建筑及其装饰艺术本体，木作技艺作为重要的民族文化载体应被纳入整体传承规划范畴，以期完整性地保存其装饰物质载体与传统非物质技艺特征。

(2) 保护传承主体

匠人在木作装饰传承中至关重要，传统的撒拉族民居木雕技艺依靠匠人世代传承，新民居建设中急需以匠人的保护扩大机制保障木作修缮及营建的整体质量。

(3) 优化营建技术

以改善营造工具、营造方法、营造材料来提高工作效率，适应现代新民居建设发展。力求恢复传统民居木装饰艺术的尺度、色彩、用料及其传统地域装饰特征，在传统木装饰艺术原真性的基础上探索其优化的有效途径。

结 语

民居存在于社会综合文化下，而传统文化则借助于民居装饰来表现外在；地域、民族、习俗、宗教及审美等文化内涵蕴含于民居装饰之中。撒拉族民居建筑木装饰艺术，是在历史演变过程中宗教文化与地域环境综合作用的结果。

跳出建筑范畴来审视传统撒拉族民居建筑木装饰艺术，就会发现伊斯兰宗教文化始终是影响其装饰形态的最重要因素。这些建筑木装饰整合了地域、宗教和民族文化的精髓，以实物的抽象艺术形式彰显丰富的精神内涵，象征着撒拉人的精神向往与追求，具有相当的美学价值与地域传承意义。

参考文献

[1] 赛义德·侯赛因·纳斯尔.《古兰经》：伊斯兰精神性的根基[J]. 马效佩译. 西北民族大学学报，2010.

[2] 王军，李晓丽. 青海撒拉族民居的类型、特征及其地域适应性研究[J]. 南方建筑，2010(6).

[3] 李兴华. 循化伊兰教研究[J]. 回族研究，2009(73).

[4] 马建新. 撒拉族传统民居的类型、装饰及礼俗[J]. 中国土族，2015(夏季号).

[5] 张璠. 青海省海东地区民居建筑大门的研究[D]. 西安建筑科技大学，2012(05).

[6] 丁克家. 论《古兰经》的美学思想[D]. 宁夏大学，2003(4).

作者简介

贾梦婷，西安建筑科技大学，硕士研究生，E-mail：jia_jmt@163.com。

通讯作者：靳亦冰，西安建筑科技大学，副教授，E-mail：jinice1128@126.com。

图片来源：本文插图均由作者拍摄及绘制。

戍边聚落

北京密云区吉家营村

引言

在北京市密云区东北部的新城子镇南部，有一座与北京北部戍边长城具有紧密关系的中国传统村落吉家营村，明代万历年间建营屯兵，村周边建有方形堡寨墙，是当时北方防卫外族入侵的长城防卫体系的有机组成部分，为我国典型的戍边聚落和京郊极具代表性的北方民居聚落之一。由于其历史悠久，防卫特色凸显，石砌民居典型，2013 年国家住房城乡建设部将其列入全国第二批中国传统村落名录。实际上，早在 1996 年“吉家营村”就被公布为北京市区级文物保护单位，而也是在 2013 年，国家文物局将“长城—吉家营村”公布为全国重点文物保护单位。因此，吉家营村作为双国保性质的传统聚落，具有丰富、独特而有魅力的特性与吸引力。

壹 山绕水邻的自然环境

吉家营村坐落于密云区东北部的燕山山脉主峰雾灵山西北麓，距离北京市区约 137 公里，从北京走京承高速、大广高速、G45 国道、S312 省道就能到达。村子往北离新城子镇仅 10 里，与镇上交通联系便利。雾灵山曾称为付凌山，“其阳曰万花台，其阴曰清凉界。高广深邃，东陵主山也。”（《密云县志•卷一》之《舆地•山》）吉家营村在山西北，地处清凉界。村落地处丘陵地带，村周围群山环绕，地势南高北低，村北有一条名为小清河的河流，为安达木河的支流。安达木河曾称乾塔木河，发源于河北省滦平县涝洼村北山区和承德县乱石洞子，分别由北岭和黑关入密云境内，在曹家路村东汇合后称安达木河，吉家营村就位于安达木河南侧的山沟内。该地区河道较多，地表水比较丰富，再加上四季分明的温带季风性气候，形成了既适宜生产又适宜生活的环境，景色优美而怡人（图 1）。

图 1　村落周边环境

明代修筑长城时，通过屯田政策解决驻军的粮饷问题，同时发展沿线生产。因此，长城沿线的堡寨被定位为“亦守亦居且亦耕”的功能，选址既要扼守关隘、居险驻塞，形成天然屏障，达到军事防御的主要目的，还要同时考虑具备有利于农业发展的环境条件，因此吉家营村山绕水邻的周边环境成为修建堡寨的优势条件。

贰 历史沿革与人文环境

吉家营村元代就已经聚落成村，原名吉家庄，距今已有六百多年的历史。明代万历初年，因这里地处要塞，开始在此建营屯兵，称为吉家营城，历史上曾是明代蓟镇西协四路之一的曹家路城管辖之下的驻守关口的军营堡寨。在《密云县志·卷一》之《三·舆地图说》中有一张曹家路城基图，上面写着曹家路城共管辖包括吉家营在内的堡寨十二处。清代，也是因为这里地处要隘，朝廷在吉家营设有把总署驻守，就建在原来明代的管理机构提调署基址那里。

抗日战争时期，吉家营被日军扫荡过三次，满目疮痍，城墙和很多传统建筑都遭到了严重破坏，由于建筑材料匮乏和村民认识水平的局限，很多已坍塌的城墙上的城砖和石头被居民拆下来建造房屋，从而导致目前城墙仅留存大约四分之一。村内仅有郝家大院等几处古宅保存较好，村西口堡门外有两株古槐，树冠参天，枝粗叶茂，为国家三级古树名木，据说栽植于清朝年间，生长状态良好（图 2）。堡门洞的大门曾经是木制的，1958 年村子里发大水，将木门搭在河上当桥，被大水冲走了。随着时间流逝，吉家营作为明代长城附属堡寨的军事作用逐渐减弱，逐步演变为传统农业村落，居住用地也慢慢扩展到了城

图 2　村西城门外大槐树

外。目前，全村共由5个自然村组成，再加上东西两城，面积共约6.65公顷。2004年，由北京市文物局出资修缮了吉家营村的东门和西门，基本保持了原貌。吉家营的城志现存于密云县博物馆内。

吉家营村的文化特色，主要受到北方宗教文化的影响，例如，过去村内及周边分布有药王庙、老爷庙、真武庙、娘娘庙、城隍庙、火神庙等九座寺庙，大多毁于“文化大革命”时期。目前保留下来的寺庙有药王庙，每年清明时节都会在村子里举办庙会，周边的村民都会前往药王庙祭拜祈福。另外，还保存有两处寺庙遗址，一处是村内南侧农田区的城隍庙遗址（图3），基址处还保存有石头砌筑的高台，大约1.3米高，庙东侧还有一处附属的戏台遗址（图4），也存有一部分高台基；另一处菩萨庙在村内的民居区，有两开间，目前已经坍塌，仅剩残垣断壁。村东侧还有一处摩崖石刻遗址。

图3　城隍庙遗址

图4　戏台遗址

叁 双门矩形堡寨防御体系

我国自春秋战国时期开始修筑长城，不同时期均有所修筑和增建，明代时达到高潮，成为一项重要的军事工程，最终使长城成为了世界文化遗产、中华民族的象征。《长城保护条例》中所称的长城，不仅仅是一道城墙，而是包括长城的墙体、堡寨、关隘、烽火台、敌楼等，是多项防御工事联合组成的完整性防御工程体系。所谓“五里一墩，十里一堡”，就是指密云县地区有很多沿长城边墙的堡寨，从而形成沿线驻兵居所，防御农耕两不误，吉家营村的堡寨就是如此。而明代的屯兵又分为镇城、路城、卫城、所城、堡寨等，吉家营村就是属于曹家路城管辖下的堡寨聚落，是曹家路城的后防，临近司马台长城。

由于堡寨是最小的屯兵单位，需要具有很强的封闭性和围合性。因此，吉家营村由外而内形成了层层紧密的多级防御体系。首先，吉家营村依山面水，通过天然防卫环境获得防御优势。其次，城堡的整体堡墙轮廓呈矩形，南北长约 240 米，东西宽约 165 米，面积约 3.69 公顷（图 5）。矩形的堡墙强化了聚落空间的内外分隔，对内表现出居住安全性，对外表现出抗击防卫性，满足了为战时提供必要的物力和兵力的目的；堡墙宽约 6.5 米，堡墙外部用大青砖砌筑，内部为大块石块砌筑，中间填土，这种很厚的围合性堡墙除了抵御外敌，平时还有抗洪防灾的作用。再者，矩形堡墙的东西两侧各有一座堡门，东侧堡门宽 4 米，高 6.07 米，通高 8.6 米，门洞上刻有“镇远门”；西侧堡门宽 4.34 米，高 6.55 米，通高 8.45 米，门洞上刻有“吉家营”（图 6）。堡门是连接堡寨内外的主要通道，高大的堡门给敌人以神秘感和压迫感。另外，吉家营村内南侧预留了农田作为耕种用地，而将民居和院落多集中在堡内的村北、村东和村西，这样即使被敌人围城数月也不会断粮断草（图 7）。

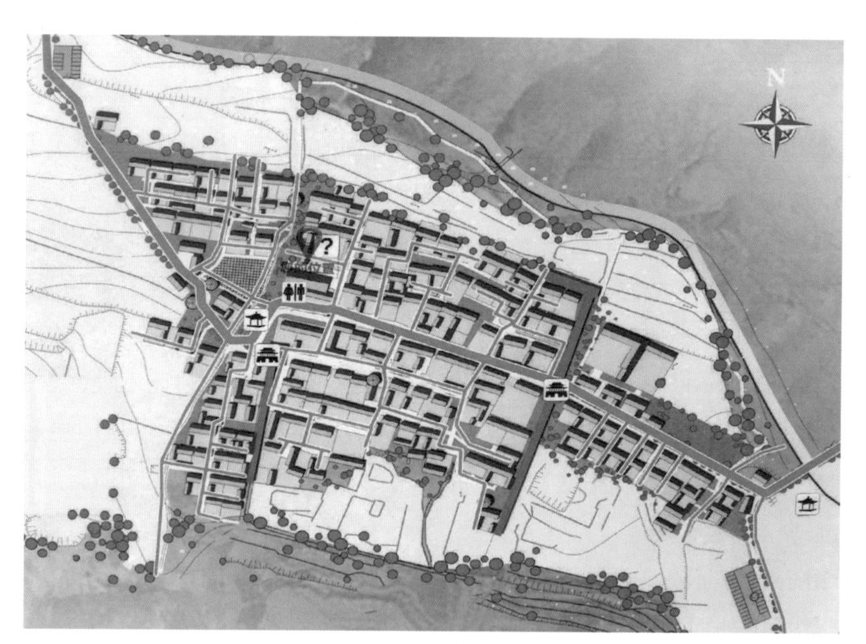

图 5　矩形堡墙

图 6　西堡门

图 7　堡寨风貌

肆 曲尺形街巷造迷魂阵

村内除了上面提到的防御措施外，最独特的就是连接东西两个堡门的曲尺形变化的街巷了，这在一般的堡寨中极为少见。问了村里人，才知道原来这样规划设计道路的目的是为了巷战的需要。当年在建设堡门时，建堡者特意将东西两座堡门相互偏离而不相对，东门偏向北，而西门偏向南，这样如果有敌人攻克堡寨的话，无论从哪边堡门攻入，堡内居民和官兵撤离时，都可以在曲折的巷道中和敌人周旋，掩护撤退的兵力，从而争取时间。而对敌人来说，一进堡后，也不会形成直接从东西两门鱼贯而入、攻击前进的趋势，反而会被街道迷惑，不知该往哪个方向攻击和追赶。这样，堡寨内部的街巷进一步加强了防御，相互交错形成迷宫般的路网结构，形成可守可退的空间，方便作战。

可见，吉家营村内的传统街巷空间是在明代建堡时为军事防御规划而成，后来又经过漫长的历史发展逐步形成现有的路网结构。主要由连接东西两座堡门的三条街道：大街、前街、后街组成。大街正对东堡门，前街正对西堡门，后街偏南推测为后来发展形成。堡寨内的这些街巷空间曲折相连，通过街道的宽窄与路口的曲直变化形成复杂的道路网，从而增强了堡寨内部的防御性。城内主干道宽度约 9 米，新增南北向道路约 6 米，巷道空间曲折多变，宽度大约为 3 ～ 5 米，周边民居建筑基本为一层，街道空间尺度宜人。

伍 圆石块砌筑特色民居

吉家营地处偏远，交通与经济均不发达，乡村旅游和翻建房屋的情况较少，从而使村落内的传统民居保存较好，整体风格统一，风貌古朴，极富京北地域特色。这里的民居使用河里的大鹅卵石砌筑的较多，这应该是就地取材。利用周边水系较多，河水冲刷形成的圆形石块较多，因此成为主要的建房材料。吉家营村内的传统民居多为院落式，就是正房加前面一个院落，院墙通常不高，一般以石砌为主，有乡村特色。院门开在不高的南院墙中央，表现出一定的“内向性”，早期的院落布局多是借助南高北低的地势采用坐南朝北的布局，后来逐渐改为坐北朝南布置（图 8、图 9）。随着生活水平提高，许多住户加建了东

图 8　传统民居

图 9　砖石砌筑

西厢房及倒座，组合形成四合或三合院落的形式。民居建筑多为单层硬山顶建筑，多采用“一堂二内”的平面布局，也有开间多的，“堂”为正房中的公共空间，也就是厅堂，“内”为私密空间，也就是厅堂两侧的卧室，整体风格简洁朴实。村内民居常见“五花山墙”的形式，建筑的屋顶采用干槎瓦屋面和蝎子尾屋脊。在建筑山墙转角、屋顶起坡等承重部位采用青砖砌筑，其他部分填充圆形石块，精美而富有特色，尤其是前檐墙下的窗下墙，圆形石块形成的虎皮石纹理，极具特色（图 10、图 11）。这种为节省砖的用量与借当地石材的巧

图 10　民居山墙

图 11　圆石块墙

妙做法，累积传承而形成了当地的一种特色。同时，吉家营村的民居还保留了大量的历史元素，为了趋吉避祸，采用各种吉祥装饰纹样，表达美好的精神寄托。

最具特点的是这里的民居建筑的烟囱，烟囱通常是从山墙中分离出来，设置在山墙前的墀头墙前面，不同的民居其烟囱位置稍微有变化。烟囱底部有横砌烟道与山墙及火炕相连，烟囱底部侧面设置了掏烟灰口，灰口处用雕刻出把手的砖块封住，非常精巧而有特色（图 12）。很多烟囱是青砖侧立砌筑而成，顶部有各种装饰，有设置带风铃的四角亭形式的，有做成各种砖雕形式的，有的还涂有色彩，独具匠心。这种民居布局和“坐地烟囱”的做法，是典型的东北大院和满族民居的特色。据说草房为防火多设置此种烟囱，同时也可以推断这种民居的做法和清代驻守满族士兵有关（图 13）。

图 12 掏烟灰口

图 13 坐地烟囱

再如，村内还保存有几座价值较高的民居，建造精美，但是亟待修缮。其中最著名的就是东堡门内道路正对着的地主郝家大院。据说以前大院前有大门楼，大门一关，整条街都是地主家的领地，院里有多路多进四合院。他家里非常有钱，新中国成立后用 18 头骡子向北京驮大洋钱，足足驮了三个月。这座大院现在居住着多户人家。大院的几座四合院建筑几乎都是青砖砌筑而成，磨砖对缝，建造技术精美。原来大门内部的巷道上，还保存有两个巨大的上马石，石头旁边就是条石砌的台阶，石头凿工精美(图 14)。再向里走左转弯的巷子里，迎面有一座砖砌影壁墙，砖雕非常精美，上面雕有葡萄、石榴、佛手、柿子等吉祥图案（图 15、图 16）。影壁左右各有院门一座，其中右侧的门口有一对石

图 14　上马石

图 15　巷道影壁

质方形门墩，上面雕刻有佛手、竹子、仙鹤、菊花、甜瓜等吉祥图案，寓意吉祥、平安、长寿、多子多孙，展现了我国乡村文化的深厚与质朴（图 17）。进入左侧院门到跨院中，一座厢房的山墙上有贴山影壁（图 18），砖雕精美。

图 16　影壁砖雕

图 17　门墩石雕

图 18　贴山影壁

另外，西堡门外左侧有一青砖砌的矩形随墙门，门中有砖砌拱券洞门，洞门上部有白灰抹的凹入的方形匾额，上书黑色隶书“里仁为美”（图 19）。语出自《论语》中的“里仁为美。择不处仁，焉得知？”意思是说，居住在有仁德的人周围是一件美好的事，否则又如何能变得明智呢？据说这家人文化水平较高，出了好几位教师。

图 19　砖砌拱券洞门

结语

当你走在吉家营传统村落中，身临其境地感受这不同的时代存留叠加起来的历史与故事，还有什么不能够让你对劳动人民的智慧肃然起敬，还有什么不可以让你梦回中华民族聚落的原乡？

参考文献

[1] 臧理臣 . 密云县志 [M]. 北京 ：北平京华书局，1914.

[2] 孙文良，董守义 . 清史稿辞典（上）[M]. 济南 ：山东教育出版社，2008.

[3] 王绚 . 传统堡寨聚落研究 [D]. 天津大学，2004.

[4] 宗庆煦 . 北京密云县地方志 [M]. 北京 ：中国书店，2009.

[5] 侯珺 . 长城沿线戍边堡寨空间特征研究初探——以北京密云吉家营为例 [D]. 北京建筑工程学院，2011.

[6] 袁颖 . 吉家营村住宅的传承与更新研究 [D]. 北京建筑大学，2016.

作者简介

李春青，博士，副教授，北京建筑大学硕士研究生导师。

刘奕彤，北京建筑大学风景园林学硕士研究生。

阚丽莹，北京建筑大学风景园林学硕士研究生。

图片来源：本文插图均由作者拍摄及绘制。

资源环境中的人文建造

川西丹巴甲居藏寨

引言

我国疆域辽阔、自然环境类型多样，在各地营造生产生活空间的发展过程中，凝结出具有不同形态的民居和聚落。无论是单体的民居建筑还是群体的乡土聚落，建造均以满足生存需求为首要目的，遵循着对自然资源合理利用的建造逻辑；再者，民居和聚落作为日常活动的载体，其空间形态的塑造亦反映出住民在精神层面的诉求。

在地势崎岖、农业资源较为匮乏的川西横断山脉中聚居着拥有山川崇拜和宗教信仰的嘉绒藏族，其聚居地甲居藏寨地处南北流向的大金川河西，在卡帕玛群峰环抱之下，依缓坡而建（图 1）。在自然与信仰的双重建造逻辑的影响下形成了其独特的聚落风貌。

图 1　甲居藏寨背后群山环抱

壹 自然环境特征影响下的建造

甲居藏寨所处的丹巴地区，是嘉绒藏族的主要聚居地之一，地处四川的横断山脉之中。区内因地质构造运动而山脉隆起绵延、山岭褶皱紧密、地质断层成束、地貌沟壑深切，汇出怒江、澜沧江、金沙江、大渡河等河流。丹巴地区海拔高度约 3000 米，为典型的高原型季风气候，气温年变化幅度不大，但昼夜温差变化较大，雨热同季且降雨集中，干湿季分明。春冬季节，当地又易形成大风，极易对聚居人群的生产生活造成影响，因此民居建造对保温、防风等都有着较高的要求。甲居藏寨选址于河谷地区缓坡，坡上有溪水可供灌溉，利于开展农业生产。聚落上枕卡帕玛群峰，下靠大金川河，避风向阳、水源充足、交通较为便利，生活环境条件相对优越，嘉绒藏族也正是在这样独特的地理环境下生活繁衍。农耕为主、游牧为辅是地区的主要生产生活方式，但由于耕地资源相对紧张、地面坡度较大，聚落呈现出错落分布、竖向布局的空间形态特征。寨中白色石木碉楼皆建于平坝农田之畔，农田资源状况成为影响此地民居和聚落建造的主要因素。

贰 人文环境特征影响下的建造

横断山脉的崇山峻岭分隔出众多的小规模地理单元与盆地，造就了“君长以什数”部落和族群林立的人群聚居状况。此地自古便是西南民族北上，西北民族南下的重要通道，历史上众多民族通过该走廊流动、迁徙，是各民族交汇的重要场所，被称为“彝藏走廊”。也正因为如此，嘉绒藏族拥有了羌、藏、汉多民族融合的复杂族源背景。

早期藏族民众在面对当地复杂的自然环境时，出于对未知事物和自然现象的恐惧，而形成了对山峰、河流、大树和巨石等的原始崇拜，由此逐渐演化而来的宗教信仰成为藏区民居与聚落营造的重要影响因素之一。甲居藏寨的居民所崇信的古老宗教——雍仲苯教，是一种强调万物有灵的信仰，崇拜天、地、日、月、星辰、雷电、山川、草木、土石、禽兽等自然物和鬼神，这种信仰遍及甲居藏寨的每一个角落，并应用于民居建筑的建造之上（表 1）。

表 1　甲居藏寨中的信仰崇拜

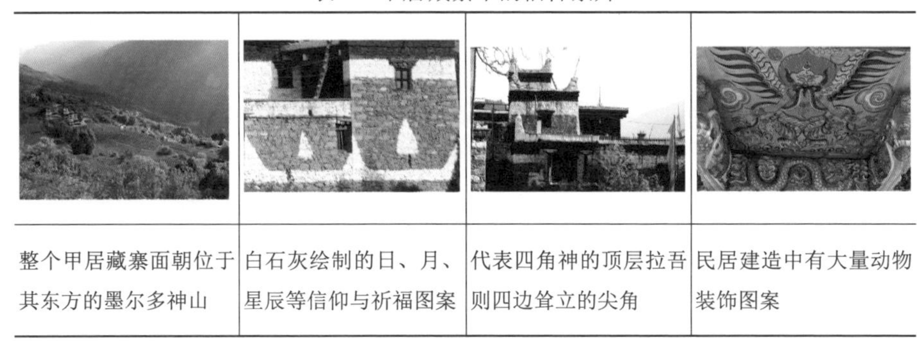

整个甲居藏寨面朝位于其东方的墨尔多神山	白石灰绘制的日、月、星辰等信仰与祈福图案	代表四角神的顶层拉吾则四边耸立的尖角	民居建造中有大量动物装饰图案

由于所处地区族群林立，在面对多变的气候环境和部族冲突中，嘉绒藏族以聚群而居、生产生活的紧密结合反映出一种“防御”思想。寨中可见碉

楼这种防御型建筑，或以户为单位的碉房结合建造、或以临近几户为单位的碉楼建造。甲居藏寨中，人们生活在族群之中，共同将生活的重心放在应对自然环境条件上，逐渐凝结成的人文环境又将独立的人与家庭纳入群体的一部分，使得群体中的所有个体有着共同的文化认同，从而共享着群体的资源和智慧。在共同秉持的人文环境基础上，聚落内部的人群社会关系较为紧密，从而形成具有较强的族群内聚性，聚居人群社会关系的紧密和精神信仰的认同关系，进一步加强了乡土聚落和民居建筑在建造上的共识以及相应的规则。

叁 聚落的空间形态

甲居在藏语中即“一百户人家居住的地方”的意思，现今整个藏寨聚居有一百四十余户。丹巴的藏寨多分布于群山高谷之处，虽然各村寨在地形、地势方面与平原型聚落有着很大差异，但其建造中“因势利导、取势纳气”的建造规则却与平原型聚落有着农耕社会中对自然环境资源利用的共通之处，物质空间皆与本地自然环境、人文环境紧密对应。

甲居藏寨选址于金川河的西岸、亚霄神山的东部，依山傍水的地理环境使其拥有良好的水汽资源条件，整个寨子建于山腰坡地之上，并沿着地形变化呈簇群发散状态、布局灵活多变。各户寨楼沿等高线横向展开，结合地形，自由伸展（图 2）。藏族村民在起伏的地形上，优先选择相对平整的阶地作为耕作的农田，将不宜耕作的坡地用作建造寨楼。顺应山坡地形起伏与平坝规模大小的变化，寨楼或独立单栋或 3 栋 5 栋呈簇而建（图 3），上百栋寨楼依山就势，错落有致地融于山地环境之中。聚居于此的人们沿寨中道路挖出水渠，将雪山之上季节性融雪而下流的雪水引入寨中作为灌溉用水，整个藏寨呈现出由河谷逐步向上攀升的聚落空间形态，单体的寨楼始终紧紧围绕着农田进行建设，便于就近的农业耕作。

图 2　甲居藏寨依托农田灵活布局

图 3　甲居藏寨民居组合形态

图 4　甲居藏寨的地形利用

由于每处寨楼所处的微地形不同，其具体的建设形态也在民居建筑地区原型的基础上不断变化，但都表现出与其临近农田紧密对应的人地关系（图 4）。在结合山地地形高差变化的同时，将地势高处的建造与地势低处的建造进行衔接，形成高处平台与低处屋顶取平，将高差大的地段调适成为阶梯状；而于地势相对较为平缓处，地势较低人家所处的地坪上种植庄稼，再在下一个地坪台地处建造另一处民居，这样做不但利用了高差建造民居，且在两栋建筑之间平整的地块上种植庄稼，缩短各家劳作的路程，为村民彼此提供了极大的便利（图 5）。

藏族作为全民信教的民族，其宗教信仰自然也会影响到民众对其聚居的村寨环境营造。嘉绒藏族崇拜当地的墨尔多神山，人们在日常生活中依附于山的资源庇佑，认为山神可以保佑他们丰衣足食，免受自然灾害的侵蚀。所以在建造时，每栋寨楼都需要保证朝向自己所信奉的神山，以便在煨桑及朝拜时能面

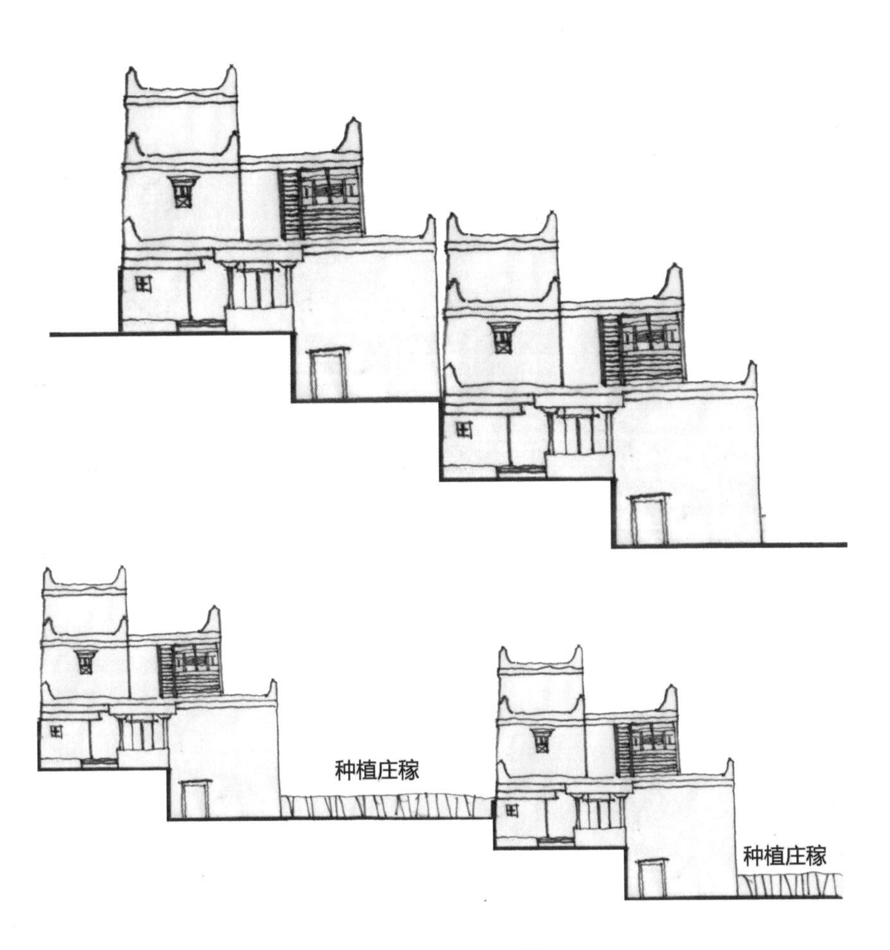

图 5　甲居藏寨的地形利用

向神山。因此，整个藏寨顺沿着山坡地形向上攀升，不仅仅是对自然资源的利用的结果，也体现出藏民对信仰的不懈追求，从而使得甲居藏寨整体上形成在自然与人文环境双重要素影响下的升腾之态（图 6）。

图6　寨楼升腾之态

肆 民居建筑的建造

图 7　寨楼石材的砌筑方式

甲居藏寨的民居是在自然环境与地域文化双重影响下所形成的独特建筑形式。首先，受地理位置、气候条件及经济因素的影响，更受环境资源条件的影响，甲居藏寨的建造材料多就地取材。民居建筑均为石木结构的碉房（图 7），在砖墙围合的基础上结合梁柱承重，形成“木梁柱支撑结构 + 木质楼板 + 片麻岩石墙围护结构”的平顶碉房。墙面主要利用片石材料，少量使用黏土砌筑的夯土墙。寨楼墙体厚重，所用石材分为两类：较光滑的用来砌筑墙面，不太规整的则用来砌筑墙里。在砌筑墙体时，一般以一层较规则的石块叠压一薄层碎石，并以泥浆填片麻岩石块缝隙。为了增加结构的稳定性，砌筑时还采用内垂直外收分的方法，加大墙角的厚度，并在每砌筑 1.4 ～ 1.7 米时找平一次，埋木质墙筋，加强建筑物的水平联系，以防止建筑的不均匀沉降。楼面和屋面以树枝、泥土、石块和树干为材料砌筑，一般可分为承重层、泥土层和最上的木板层，其通常的做法是：在一层楼以上立柱，柱上以粗树干纵铺做梁，木梁之上密铺树棍，当地称“柄子”；其上再铺小树枝，

当地人称之为“扎子”；再在这层“扎子”之上铺泥浆，泥浆上再铺2厘米厚的粗土，找平夯紧，铺木板作为上层地面。最上层的屋顶则是在基层上分层铺筑略干的黄泥，用木棒夯打密实。外墙檐部平铺一层薄石板，以防止降雨对墙体的侵蚀，并伸出墙体外部形成挑檐。

现存寨楼平面多呈矩形或方形，楼高普遍为3～4层，墙体呈直角相交衔接，并逐层向上收缩，建筑物的最高点为设在西北角的经堂。立面形态规整，整体封闭坚实，厚厚的石墙之上只开设有少量小窗洞，三层以上面向屋顶晒坝的房间和出挑的木墙上才开设稍宽大的木窗，形成“实多虚少”的立面特征（图8），以此保证整个建筑具有良好的保温防风功能。

图8 甲居碉房立面

再者，甲居藏寨的民居建筑亦表现出嘉绒藏族独特的建筑风格和浓郁的地方文化。四川嘉绒藏区是藏羌石砌建筑的发源地之一，现存的上百座碉楼更是中国两千多年以来尚存的“邛笼”石碉房的直接实物见证。甲居藏寨的民居也是由古代先民“垒石为室”演变而来的石砌碉房。这种碉房在满足居住要求的同时，为应对当地的部落冲突，格外强调其防御性功能。石碉房的装饰主要是通过门楣、窗格的木雕图案以及极富感染力的墙面色彩而得以实现，石碉民居普遍在墙面、窗套刷饰白色、黑色图案，在檐口部位涂刷红、白、黑色带，这些装饰色彩不仅与族群的信仰密切相关，同时也起到耐久防腐的作用（图 9）。

图 9　碉房中色彩装饰

最后，甲居藏寨的民居呈现出与生产生活紧密结合的特点。整个寨楼底层为牲畜与储藏空间，内部由隔墙分隔出大小不同的空间，用以分类圈养牲畜。一层为客厅与厨房空间。灶房一般在住屋入口处，单独成一间。核心功能单元是房间正中的正室，即设有火塘的锅庄，一般位于住屋的短边处，平面接近正方形，是家庭聚餐会客的重要场所。锅庄一侧后退出一部分空间，形成半开敞的楼梯间。二层部分为经堂与晾晒储藏空间，平面成“L”形，经堂是住宅中最为庄严和神圣的地方，一般位于“L”形的交叉处。退台留出的空间形成晒坝，庄稼收获时作为晒场，有效地利用了半围合的场地空间。顶层凸起部分为祈福的场所拉吾则（图 10）。当家庭条件较为富裕、家庭成员较多时，寨楼会依照屋主人的使用情况而加建一层，此时二层部分作为扩展的居住生活空间，供日常生活使用。

图 10　甲居碉房平面

结语

甲居藏寨是自然与人文环境双重要素影响下的聚落建造，其空间建设是在自然环境要素——农田资源的引领之下与当地嘉绒藏族精神文化的有机结合。聚落形态上的因势利导、散中有聚；民居建造上的因地制宜、就地取材，处处传达出甲居藏民对适应自然环境、利用自然环境、与环境和谐共生的建筑哲学。同时，甲居藏寨聚落的选址朝向、色彩运用及图案选择等，也时时刻刻强化着藏民的精神寄托。当地自然资源环境引领下的建造规则确保了物质空间建造对生产生活的基本满足，建设过程中的环境塑造、空间细节反映出人们对精神世界的热烈追求。这种自然资源环境中的人文环境塑造的建造规则持续影响着甲居藏寨的建造，也将深刻地对地区建筑的发展产生影响。

参考文献

[1] 王渝，渠峰．浅谈丹巴甲居藏寨碉房 [J]．美术教育研究，2016(21)：167.

[2] 李军环，谢娇．川西嘉绒藏寨民居初探——以丹巴甲居藏寨为例 [J]．建筑与文化，2010（12）：67-69.

[3] 吴体，凌程建，高永昭，周敏．丹巴甲居藏寨建筑结构调查 [J]．四川建筑科学研究，2009（04）：197-201.

[4] 范霄鹏．藏地民居与聚落中的信仰脉络 [G]// 中国民族建筑研究会．族群·聚落·民族建筑——国际人类学与民族学联合会第十六届世界大会专题会议论文集．昆明：云南大学出版社，2009.

[5] 范霄鹏，王天时．丹巴甲居藏寨石木建构的田野调查 [J]．古建园林技术，2016（03）．

[6] 范霄鹏，郑一军．村庄整合建设的两类依托——社会结构与资源利用方式 [J]．南方建筑，2014（2）：51-54.

作者简介

兰传耀，北京建筑大学建筑与城市规划学院，硕士研究生，邮编：100044，E-mail：gatsby1019@hotmail.com，北京市西城区展览馆路1号。

图片来源：本文插图均由范霄鹏拍摄及绘制。

商贸孔道与聚落繁荣

鄂西庆阳坝凉亭古街

引言

各地的乡土聚落是地域传统和历史文化的物质载体，其整体格局的形成以及单体民居建造的特点不仅与自然人文环境有关，也与村落的性质有着密切的关联。建筑空间形态是居民生产生活方式的基本表达，当时经济、政治的发展状况对居民生活方式的影响也在空间形态上有所呈现，并从建筑形式、装饰手法等各个方面影响地区的单体建筑直至聚落整体的空间形态。

经济环境对聚落空间形成的影响不容小觑，在许多与不同经济区域相比邻、交通便利的地区，多个地区商品的汇集交易直接推动了聚落的发生，从而导致商业贸易成为乡土聚落中居民的主要活动，聚落内人们的生产生活均以此展开，亦就因此形成了以商业贸易为主的乡土聚落。这类聚落中，商业贸易主导着居民的日常生活和空间建造，进而影响并成就了乡土聚落的结构和空间形态。

壹 鄂西地区的商业兴起

鄂西地区主要指湖北省西部，自古就是沟通中原与西南的交通要道所在，境内崇山峻岭、山峦起伏，武陵山脉、巫山山脉等山脉绵延其中，四季分明、雨热同期、雾多湿重的亚热带湿润季风气候，使得境内资源丰富，自然环境特征鲜明；以土家族、苗族为代表的多种少数民族在此聚居，民族文化相互交流融合，形成了丰富多元的人文环境（图 1）。自然环境的优势，民族的宗教信仰和习俗，促进并影响着境内商业集镇和乡村聚落的形成和发展。

图 1　山地与民居聚落

鄂西地区地势陡峭、平坝破碎，不利于开展大面积的耕作，从而导致农业发展缓慢，但该地区土特产品较多，药材、茶叶的种植较好，手工业比较发达（图 2）。该地区的对外商品贸易起始于宋代的官方贸易，历代施南土司主宰辖域内一切、独霸一方，“以盐易粟”、朝贡、赶集是当时主要的商品交易形式，这种商品交换活动在一定程度上带动了民间经济的兴旺和发展。明末清初时期，鄂西地区封闭的社会环境稍有改善，当时经济制度也逐渐由土司管理向封建地主的经济方式转化，原有“以商为耻”的思想也逐渐发生改变，商品贸易在此时得到了加速发展。清朝对少数民族地区实施“改土归流”后，加速了各民族之间的经济交流，境内广大山区集镇逐渐兴起，居民之间相互交流、互通有无的贸易经济逐渐发达。清朝末期和抗日战争时期开展了两次“川盐济楚”运动，为连接四川与湖南湖北的鄂西南地区提供了市场机会，促进了境内盐业经济的发达，许多集镇聚落因产盐、运盐而兴盛，发展迅速。新中国成立后，境内商业日渐衰落，直到改革开放，商业迎来新一轮发展，有的集镇发展成城市，但有的则仍逃不过因社会经济和交通条件的变化而导致衰落的命运。

图 2　山地农耕环境

鄂西地区的商业型集镇、村落，主要在清代的改土归流后全面发展起来，聚落的类型主要有城乡交通枢纽、商业运作和驿站功能、政治军事功能等。这些集镇、村落主要分布在川盐古道沿途、原土司城辐射区域或者散点式分布在崇山峻岭之间。这些集镇、村落不仅是进行商业贸易的主要场所，也是居民日常生产生活的场所，商业的发展影响了居民的生活方式，半农半商成为村落中居民日常活动的基本属性，并对民居建造、村落营建产生了深远的影响（图 3）。

图 3　半农半商的民居村落

贰 鄂西地区的环境状况

庆阳坝位于鄂西宣恩县境内，从鄂西恩施市沿国道209线向南，行至土家苗族自治州宣恩县椒园镇，转向西北行12公里狭窄村道至庆阳坝村。鄂西地区地处三峡腹地，湘、鄂、渝三省市的交汇处，地形地貌复杂多样。椒园镇庆阳坝所在的鄂西宣恩县地区，处武陵山余脉的群山之中，区内山岭苍莽、溪流纵横，并有山间盆地及河谷平坝等地貌类型，庆阳坝便是处于这样高山围绕的平坦开阔之地，四周高山环绕，地势险峻，坝内地势平坦开阔、溪流汇集，资源丰裕，地处亚热带季风型山地湿润气候，四季分明，冬无严寒，夏无酷暑，雨热同期，降雨量充沛，形成了有利于稻米、烟叶和茶叶等农业耕作的环境（图4）。由于武陵山脉的阻隔，鄂西、湘西以及巴蜀的货运交通只能依靠穿越山岭的陆路古道加以连接，而庆阳坝正处于川、鄂、湘三省边贸要道地带，必须通过庆阳坝这一要地才能完成三省之间物产的互补交易（图5）。世代聚居于此的土家族、苗族和侗族均擅长农业耕作，形成了亦农亦商的生产生活方式，也为商贸集镇的繁荣提供了资源保障和支撑基础。

图4　顺应山势的村落空间

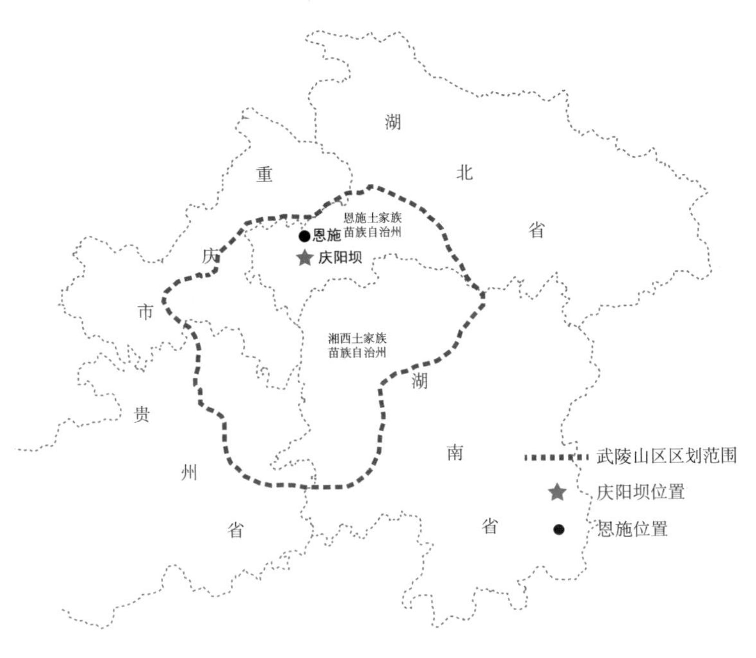

图 5　武陵山区区划图

鄂西地区的历史文化悠久，以土家族、苗族为代表的少数民族世代在此聚居，巴楚文化、巴渝文化在此交融。鄂西地区春秋时期属于巴国境域，战国时期为楚巫郡，后不断经历变更，元代开始实行土司制度，清雍正时期改土归流后，大量的外来人口开始迁入，加快了文化多元化的发展，经济贸易也得到了进一步发展，促进了山区古集镇的产生和快速生长，各民族之间的经济文化交流增多，使得民族宗教信仰和风俗文化深刻影响着古集镇的形成与发展建设。

庆阳坝凉亭古街即是在川盐经济带动下因运盐而兴起的，被誉为“土家商街的活化石”，是我国现存最完整的具有古代遗风的土家街市，其历史最早可追溯到宋代，彼时就有了最早的贸易活动。该地区在明代就是施南土司前往利川夹壁龙孔等地的必经要道，到清朝时才产生凉亭古街的雏形，到清朝末期逐渐兴盛，形成了盛极一时的商业集市。作为当时著名的“盐花古道”必经之地（图 6），在历史上发挥着举足轻重的作用，直至抗战时期凉亭古街依然拥有着带动整个巴蜀地区贸易发展的重要影响力。

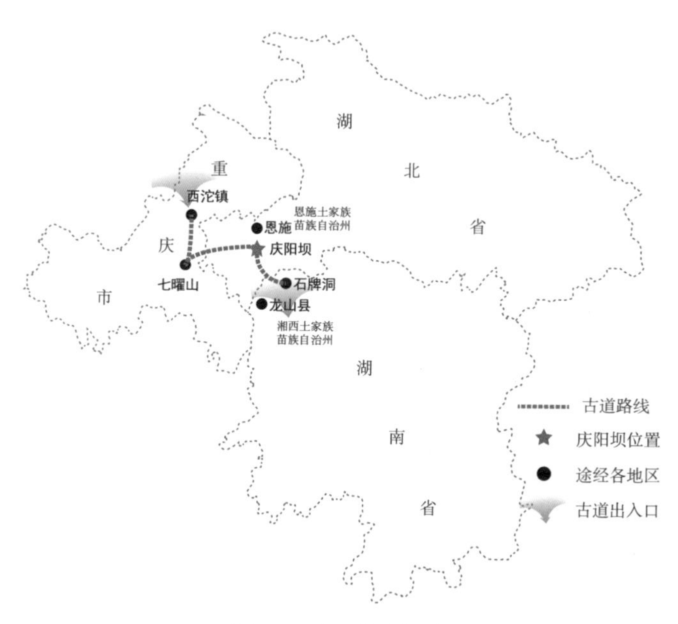

图 6　盐花古道路线图

庆阳坝地区的独特自然地理环境和多元的历史人文环境，使得整个区域的环境条件独具特色。经济政治的发展，也影响着地区聚落空间形态的形成与发展。商住结合的生活模式指导下的建造原则，引领着山区聚落空间结构的形成和单体建造，对聚落和建筑形态以及地区整体空间特征产生深远的影响（图 7）。

图 7　庆阳坝凉亭古街

叁 商贸聚落的空间结构

鄂西地区的乡土聚落主要是数千年以来在这里因地制宜、繁衍生息的土家族、苗族聚落，随着经济贸易的发展，地区物质资源和交通位置的优势促进了地区商业地位的不断增强，促进了商业型聚落的不断发展与兴盛。椒园镇庆阳坝即是由于交通优势而逐渐兴起的集镇，除了满足村民生产生活的需要，还承担区域内交通中转和商品集散的功能，古街上酒肆茶馆俱全、生活气息浓郁（图8）。

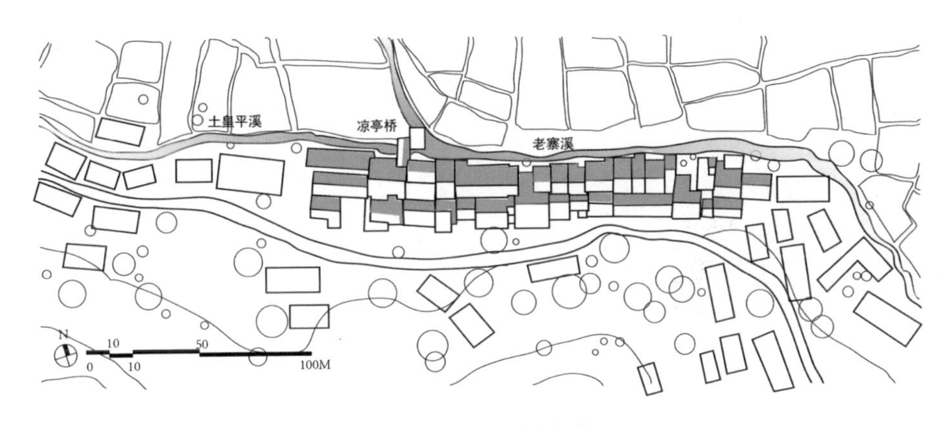

图8　凉亭古街平面空间格局

随着商业的繁荣，庆阳坝成为了鄂西南地区重要的商贸集镇和古道第一隘口，一方面因其地处“盐花古道”的要冲，另一方面庆阳坝扼守宣恩县覃氏施南土司辖区的边界隘口且距其管辖中心最为接近。庆阳坝位于从利川到宣恩、恩施到宣恩的盐运道路的交叉口上，周边由五条东西走向的丘陵山脉蜿蜒环绕，围合形成相对宽敞的椭圆状山间盆地，两条溪流贯穿其间，一条由北向南，一条由西折向南，在山麓平坝前汇合成老寨溪，为聚居于此的人群提供了生产生活用水(图9)。老寨溪连接庆阳坝与水田坝，呈葫芦状，水田坝即施南土司遗址，与凉亭古街一衣带水，庆阳坝由两条形制特别的风雨街组成，沿河建屋，依水布街。一条老街依着山麓等高线并顺溪流而建，形成贯通村落的骨架结构，老街总长约500米，总宽约20米，背山面水而建，由两条街道交错排列，主街之上延伸出十多条巷道，构成了坝、街、溪顺畅并行，巷道垂直贯通连接的空间格局。

图 9　提供庆阳坝用水的老寨溪

武陵山区地势险峻，少有平地可供聚落开展大面积的连续建造，因此自古以来形成了“大分散小集聚”的村落分布状况。庆阳坝地区相对开阔的山间盆地和繁荣的商业需求，同时呈现出村落空间主体高度集中和少数民居零散分布的建设样貌。村落顺应地形地势而建，商住合一，商用建筑临街而设，前铺后宅，约 5 米宽的长街沿山地一侧建干栏木楼，临溪一侧建吊脚木楼，两侧民居建筑体态通透轻盈，出檐深远并覆盖了整条街道空间，为内部商业街市遮蔽风雨和暴晒（图 10、图 11）。长街两侧建筑包含商铺、客栈、饭馆等，长街既为通道也为商市，形成了土家村落中的独特空间。长街临河处建有多座可供休息与通行的桥梁，其中最为著名的便是凉亭桥，凉亭街即因此桥而得名。长街地面中间有贯通街道的长条石板，既有利于货物的运输，也有利于街道的排水，每隔一段距离就设置一条通到河边或旁边街道的巷子以利防火，被当地人称为“火巷”，从街道空间和街道设施上反映出当年土家陆路商业兴盛的状况（图 12）。

图 10　层叠的屋顶效果

图 11　古街中的光和影

鄂西庆阳坝顺溪而建的凉亭古街构成了整个聚落的中心，整个聚落沿古街呈带状分布，靠山面水而建的民居建筑提供了聚落生产生活的空间，丰富了聚落的组织结构，强化了聚落与自然环境的空间关系，突出了因商而兴、半农半商的乡土聚落的独特空间形态。

图 12　长街空间

肆 聚落建造的形态脉络

鄂西地区少数民族聚居的乡土聚落众多、分布广泛，聚落形态受到山区地形和自然气候环境的影响，民居建造也对应自然、人文环境呈现地区特点。庆阳坝地区独特的地理位置、资源交通优势、繁荣的商业贸易对聚落空间的建造形态产生了深刻的影响，境内乡土聚落和民居建造都围绕商业贸易展开，呈现出区别于其他聚居村落的建造形态。

庆阳坝地区与武陵山区其他聚落相似，由于山区林木资源丰沛，民居建筑普遍为穿斗木架建构，依选址地形取平，建造二至三层的干栏木楼街屋，坡屋面上铺冷摊瓦以减轻荷载，柱下设石质柱础以阻隔湿气（图 13）。凉亭街融合了吊脚楼和风雨街的建筑特色，二层一般不设维护结构，日照通风良好，利于居民日常晾晒活动。为适应商业的需要，庆阳坝民居建造沿街底层层高较大，且空间较为开敞；一层檐梁部分伸出，以木梁连接跨街空间；二层多为住房，空间层高略低。庆阳坝长街两侧的干栏木楼根据地形情况，选取了与基地高差相适应的建筑形式，其坡屋面多为长短组合的方式，以适应高低不同的地形并且满足街道商业空间的需要，建筑临街一侧多采取“燕子楼”形式，而背水一侧多采用吊脚楼形式，错落有致（图 14）。

图 13　庆阳坝干栏木楼

庆阳坝传统的干栏木屋在墙体部分多为木板，楼板和上下楼梯也为木质铺设；部分建筑的山墙为土坯或砖砌，以保护木质结构免受风雨侵蚀；灶台等生活设施也利用可便捷获取的土木材料加以建设。民居建筑临溪流处利用地形下倾的高差，在木质地坪下做出储藏、牲畜圈舍等功能空间，房屋建造随意自由，街巷空间四通八达，民居之间布满细密的小巷，连接商街和溪流（图 15）。建筑在屋檐下设置当地特有的排水系统，即将树干对半切开，中间挖空形成水笕，将处理后的水笕倾斜角度，逐个连接，以此自然地将雨水引到吊脚楼旁的

图 14　错落有致的建筑形式

老寨溪。街面上排布石砌排水沟，盖青石板，每隔一段便设置内空的“柱”，连接水笋与排水沟，形成科学完善的排水系统。

图 15　利用地形高差处理空间

凉亭古街成就了一种独特的建造形式，干栏式建筑中融合了商业街、风雨街、吊脚楼等诸多样式，既适应巴蜀地区潮湿多雨的气候特点，又符合当时边贸经济的发展需求，同时将浓郁的土家族建筑风格融入其中，别具特色。随着民国后商道的衰落，庆阳坝的传统民居也逐渐衰落并被居民加以了改造，长街中出现了新建的二层混凝土瓷砖饰面建筑（图 16）。

图 16　衰落的传统聚落

结语

庆阳坝地区处在连接多个地区的道路交汇点上，商业贸易的繁荣和居民亦农亦商的生活需求，使得庆阳坝地区的乡土聚落和民居建造，在顺应鄂西深山自然地理环境和遵从土家族风俗文化的基础上，建立起由商业贸易主导下的建造规则，创造了商业街与民居生活建筑紧密结合的聚落形式。庆阳坝地区商业贸易主导下的建造规则，源于鄂西地区川盐经济与边贸发展的经济环境和自然人文环境，而延续百年的凉亭古街又成为传承地域传统和文化的物质载体。

商业贸易交通的发展推动了庆阳坝地区独特的建造规则：乡土聚落选址在商业要道，以进行商业活动的街巷为中心，民居建造沿街巷流线呈带状分布、前铺后宅，当地人们利用山地平坝开展农耕生产，为地区的物质生活和商业贸易提供保障。地区聚落发展和民居建筑的建造与经济政治的发展、自然环境和人文环境密切相关，多种空间形式相互结合的民居建筑适应地形与生产生活的需要，深山中的庆阳坝凉亭古街成为传统地域建筑的典型代表。

参考文献

[1] 阮仪三，赵逵，丁援．湖北恩施州庆阳坝凉亭街——国家历史文化名城研究中心历史街区调研 [J]．城市规划，2008(09)：97-98.

[2] 赵逵．川盐古道上的传统聚落与建筑研究 [D]．华中科技大学，2007：44-60.

[3] 王威．鄂西南古集镇空间变迁研究 [D]．华中农业大学，2010：12-24.

[4] 刘之杨，孙志国．武陵山片区中国历史文化名镇名村保护与文化传承研究 [J]．安徽农业科学，2013(16)：7213-7215.

[5] 贺宝平．鄂西南土家族传统乡村聚落景观的文化解析 [D]．武汉：华中农业学，2009：18-31.

[6] 范霄鹏，郭亚男．鄂西武陵山区庆阳坝凉亭古街田野调查 [J]．建筑遗产，2017(03).

作者简介

李鑫玉，北京建筑大学建筑与城市规划学院，硕士研究生，邮编：100044，E-mail:775855624@qq.com，北京市西城区展览馆路 1 号。

图片来源：本文插图均由范霄鹏拍摄及绘制。

自然生态成就村庄脉络
淳安芹川的乡土聚落

引言

传统聚落的营造尤其是村落的选址，重视自然环境对于满足聚居人群在生存和心理上稳定需求的价值。传统村落通常选址于山水环抱的完整微观地理环境之中，即在相对封闭的自然环境中营造聚落，反映出农耕社会中人们的自足心态。聚落营造在对自然环境中山体要素的利用方面，侧重其围合形态所带来的稳定感受；对自然环境中水体要素的利用方面，侧重其满足生存需要的实际功用。

而在具体民居建筑的营造上，传统民居与传统村落以“宅”、“村”同构的选址方式，将民居建筑纳入自然环境中，使整个聚落的生长脉络与环境融为一体。民居、村落与自然环境要素之间的组合形态表达出农耕社会的理想栖居图景，反映了中国传统文化中与自然和谐共生、天人合一的理想图景追求。

壹 地区的环境脉络

芹川村地处浙江省西北部，属亚热带季风气候北缘，该地区雨量充沛、四季分明，环境因受外力侵蚀和地质运动，而呈现出低山丘陵为主的地貌特征。整个村落位于银峰山北侧山麓，坐落在一条相对独立的南北向山谷之中，此处地势北高南低，中间有芹川溪蜿蜒贯穿而过(图 1),周边群山环抱，植被茂密。此地因四山环抱芹水，且溪水川流不息因而取名“芹川”。对应芹川村的村落选址，体现出传统村落选址的典型形态：冬季，环绕的丘陵为村落避风挡寒；夏季，湍流的溪水为村民纳凉避暑。芹川村民正是在这样的自然环境中世代生存，繁衍生息。

图 1　贯穿全村的芹川溪

丘陵地区环境条件复杂多变，这也造就了芹川地区丰富的自然资源，多样的物产。芹川村周边山体之上植被丰富，为当地居民生活提供了充足的木材资源；溪水穿村而过，为两岸居民提供了清澈的生活用水；位于村庄南侧村口外部规模较大且地势相对平缓的地带，为村民提供了肥沃的农业生产耕作用地;周边山岭盛产水果、药材等特色产品,则极大地提升了当地村民的生活质量。

芹川溪作为贯穿整个村落的生活脉络，与人们的日常生活密不可分，当地村民发挥劳动人民的智慧，对其加以更合理的利用。芹川人利用溪流的自然落差，以青石构筑的驳岸引导溪水缓缓流下，其间每隔一段距离用木桩和卵石垒一道堰坝，形成一个个水潭，供村民生活取水，并沿溪每隔一定距离设置入水台阶和石条水埠头,用作洗涤清洁空间(图 2)。此外,当地临水而建的民居宅院，村民多会在前院设置鱼池，鱼池与溪流之间通过暗渠贯通，从相对高处将溪水引入鱼池之中；又在相对较低处设第二个暗渠作为水流出口，以此在鱼池中形成一套流动的水循环系统（图 3）。这种被当地人称为活水塘的装置，除用于村民养鱼外，同时兼具雨季宅院内涝排泄功能，巧妙的构思体现出芹川村民的匠心独运。

图 2　为洗涤清洁所用的石条水埠头

图 3　被当地称为“活水塘”的水循环系统

贰 聚落的结构脉络

溪流两侧的环境空间相对狭小，山谷中段由东西侧突出的象山、狮山夹峙成一个狭窄的“水口”，将整个山谷分割成类似葫芦形状的两部分。芹川村的村落选址对应于丘陵地形的旷奥变化，将村口对应于水口处设置，村口处至今留存名为“进德桥”的单孔石拱桥，旧时曾是村民出入村落的唯一通道。村口两侧栽植的五棵高大樟木与其他原生树木一起形成的风水林，用以收束村口空间，护托村落的生气，使整个村落呈现出相对封闭且完整的微观地理形态（图 4）。因村口收束空间的营造，整个村庄的夹溪谷地被划分成了两部分，上游谷地用来营造住宅民居，下游谷地则用于田地耕作生产（图 5）。

芹川村以芹川溪作为村落生长的主轴线展开，溪水两侧铺砌青石板营建起两条宽约 2 米的南北贯穿街道，作为村落的骨架道路。溪水两侧驳岸高出水面

图 4　高大樟木组成的风水林

约 1.5 米，水面之上一座座石拱桥、水泥桥、木板桥跨溪而建，沟通东西两岸，而桥下阴凉空间则为村民洗涤衣物或者避暑纳凉的公共空间，以此形成宜人的水岸环境（图 6）。作为古村宗祠与民居前导空间的一部分，沿芹川溪的道路除了其交通功能外，同时也是村民聚会、交流的场所，是村中最具生活气息和活力的空间，人们的日常生活交往多汇集于此。其中豫和堂酒坊与七家学堂之间，是全村景观最开阔、最有生气的地方，因而成为全村的公共活动中心，村民的节庆活动一般都在这里举行。

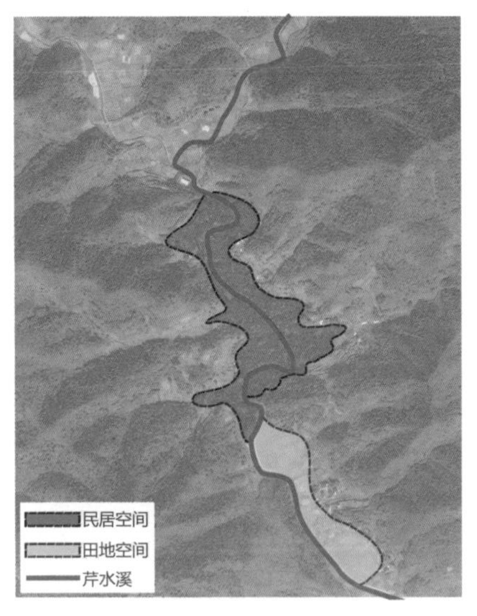

图 5　因水口划分的芹川村落形态

图 6　芹川溪边宜人的水岸环境

图 7　顺应水路双重骨架脉络生长的芹川民居

顺山势地形的起伏、随周边环境的变化，整个村落呈现出北高南低的带状布局，依托山体屏蔽冬季的北侧山风，接受南向的充足日照，形成错落有致的建筑景观。这种沿村落水系、顺应地形环境的村庄发展形态，反映出村落在历史进程中的规模增长以及与山间谷地空间环境之间的对应关系（图 7）。民居建筑沿水陆两重的骨架道路展开，平行山体等高线地布置在芹川溪两侧。因山地可用作建筑营造的空间有限，为争取较多地利用宅基地，使得住宅与住宅之间的距离较近，于是便形成了民居建筑之外狭长、曲折的巷道和公共空间，村落也因此在芹川溪两侧构成村中的许多不规则的街巷，反映出农业社会以家庭为基本单元追求生活环境均好性所构成的聚落布局特征。

叁 宗族的血缘脉络

芹川村为王氏单姓血缘村落，现村庄内 98% 的居民为王姓。相传芹川为王羲之族人后裔迁居至此并形成聚落，至今已有 750 多年的历史。据清康熙五年《江左郡王氏宗谱》记载，宋末元初时，王氏祖先百拾公打猎至此，见此处四面环山，银峰耸翠，芹涧澄碧，嘱长子万宁公从月山底（今浪川乡月山底村）迁此定居，伴随日后的发展，形成了今日的村落格局。最初村落以祖居山脚为中心，缓慢沿溪水延伸；明代之后，伴随宗族的分派，芹川村村落格局雏形基本形成。宗族分祠对应带状空间脉络，以光裕堂为总祠堂，逐渐发展出敦睦堂（三环厅）、存仁堂（具筑轩）、信义堂（水口厅）、仁义堂、敬义堂五座分祠堂，形成了“一堂五厅”的宗族形制；到了清乾隆年间，芹川村村落格局也基本定型。

芹川村的整体形态体现了典型的血缘村落格局，突出反映了我国传统的宗族意识，其投影在空间上的建造遵循家族辈分尊卑所形成的社会结构规则，即血缘宗族的亲疏等级关系投射在村落建筑的构成、建筑的空间定位、营建规模等方面，反映出传统农耕社会人文环境对村落营建的影响。整个村落沿芹川溪东西两岸，以总祠与各分祠为中心形成一个个团块，通过叠加的方式构成聚落整体的带状布局。以总祠光裕堂为中心，敦睦堂、存仁堂布置在光裕堂北侧，光裕堂南侧分别布置信义堂、仁义堂，而敬义堂与光裕堂位于同一轴线上，这样的布局，反映出总祠相较于分祠，分祠相较于普通民居的宗族关系，村落总体呈现“一水横穿、两山对峙、六堂共辉”的格局。

芹川村有六座厅堂曾作为村落的中心风光一时，其体量之大非一般民居可以比拟。然而由于自然的侵蚀和后世人为的破坏，现今仁义堂和信义堂仅剩断壁残垣（图 8），存仁堂也已改建为牛栏，而敬义堂也于二十世纪六七十年代重建。目前仅有光裕堂和敦睦堂两座明代祠堂保存相对完好，可以领略到一些芹川宗祠的本来面貌（图 9）。

肆 建造的形态脉络

芹川所处的浙西北地区，与安徽的皖南、江西的婺源同属于古徽州地区，因此在生产方式、民居营造材料和建造技术等方面都具有很高的相似性（图 10）。受山地环境及人力财力限制，相对于浙江其他村落而言，芹川民居几乎没有大宅院形式，建筑体量相似，大多数为三合院、四合院，模式化程度很高，早

图 8　仅剩断壁残垣的祠堂形象

图 9　芹川现存的完整祠堂形象

在明朝时期就已经定型。在民居建筑的形制上，对应家庭单元的生活方式，以两层的天井院落为基本的建造模型，面宽三间，平面布局对称，因进深数较多而显得狭长。功能布局上，以明堂、过廊和后室为轴，左右厢房则对称布置于两侧，在此基础上建筑纵横发展，组合自由，形成二进、三进或四进的住宅。为满足农业社会传统家庭的居住和交往需求，芹川民居为对外封闭、对内开敞的窄开间大进深空间格局，针对当地降雨充沛和夏季湿热的气候环境条件，以天井堂屋为中心空间调节建筑内部的采光和通风，配合院落内砌筑的鱼池和植物栽种，形成具有一定居住舒适度的建筑内部微气候环境。

图 10　与徽州民居相似的芹川民居

由于地形条件的限制，芹川村还存在部分小户型民居，一种为“一”字形民居，一堂两室，当中为厅堂，两边为厢房，楼梯在厅堂后或在左右两侧。为充分利用空间，部分房间上铺楼板，用竹梯联系上下，用来堆放柴草谷米。辅助房以一层居多，多靠房屋侧墙搭建单层单坡披屋。这种没有天井的住宅，当地民间称为“排丘”。此外还有部分民居为竹筒式，面宽很窄，宽不到三间，

且一层厢房只有一间，第二间为厨房或杂物间，这种形式的民居在芹川也比较多见。

受传统文化的影响，芹川民居一般具有外拙内秀的特点（图 11）。在民居建筑的形态上，大面积的粉墙、黑色的瓦屋面、石砌的墙基、居中的砖砌门楼和高大的封火山墙等构成了芹川民居建筑外形的基本组合要素，不仅反映出每户家庭对外封闭形成独立单元的建造方式，也体现出地区文化环境中共同的建筑形态营造取向（图 12）。在民居建筑的细部形态方面，农业社会耕读传家的立世理念体现在民居建筑门窗的雕刻楹联主题上，而当地独特的营造文化传统则

图 11　雕梁画栋的民居内装饰

图 12　村落中传统民居的建筑形态

体现在民居建筑石质门框内嵌入木质门套的做法上。在民居建筑的营建材料和色彩上，以当地的青色石条构筑墙基、以青砖砌筑或以土质夯打或以乱石码叠的墙身、以黛瓦覆盖屋面、以木柱架立空间、以木质门窗分隔空间、以红色石材构筑门框和窗套，一系列材料和技术反映出当地的建造资源状况、利用效率以及家庭经济状况（图 13）。

图 13　民居建筑的建造材料与色彩

结语

传统村落的建设反映出人们对农耕社会理想栖居模式的追求，其村落布局、民居营建与各种自然环境要素之间的利用和组合，共同构成了异于当代城镇的宁静、和谐的田园生活环境。地区的自然资源为村民的生存提供了物质保障，芹川村村民对山水自然环境的利用、村落的营造和农田的开垦均建立在农业社会朴素的生态观念之下，其建造目标指向农业社会理想的栖居环境，即村落建于山麓坡地、农田择于山间平地、山岭环绕周边、溪水贯穿其间，使得山水、村落、农田共同构成了自然生态系统的有机组成部分。芹川村的规模与布局在物质形态上体现出农业社会对理想栖居模式的追求、聚落社会结构的组织方式和对自然资源利用的方式。

芹川村从村落的整体布局直至传统民居建筑的细部，处处体现出居住空间营造与自然环境之间的融合关系，体现出居住空间营造与农业社会人们聚居生产生活状态之间的对应关系。这些物质属性和社会属性共同构成了传统民居建筑的生态环境，并塑造出了芹川村独特的丘陵山地水乡风貌。

参考文献

[1] 方明华．淳安芹川村的选址及风水意向杭州文博［J］．杭州市园林文物局，2008(1)：31-33，134.

[2] 王骝．淳安县芹川古村落聚落与民居形态研究［D］．浙江工业大学，2012.

[3] 淳安县政协文史和教卫文体委员会．浙江省历史文化村镇——芹川村［M］．2007.

[4] 刘沛林．古村落：和谐的人聚空间［M］．上海：上海三联书店，1997.

[5] 范霄鹏，闫璟．自然生态与民居生态——浙江省芹川古村落调查南方建筑［J］．华南理工大学学报，2010(3)：75-78.

作者简介

王天时，北京建筑大学建筑与城市规划学院，硕士研究生，邮编：100044， E-mail:8079191989@qq.com，北京市西城区展览馆路 1 号。

图片来源：本文插图均由范霄鹏拍摄，作者绘制。

环水立居

庐陵乡土聚落之钓源村

引言

水作为人们赖以生存和生产生活的基本要素，是传统村落选址建设时必须考虑的首要元素。各地的传统村落在肇基建村时，基本都遵循传统风水术对聚落选址环境的形态及其优化措施进行建设。通过相地、择址、理水等，使村落与周围自然山水环境对应相融，在侧重保障村落不受洪涝灾害侵袭的同时，满足村落居民生产、生活方面用水和排水的需求，据此营造出山水诗画般的文化情境。

古称“庐陵”的赣江中游地区，丘陵山体间隔起伏，平原与水面连绵分布，人群聚居的村落依山傍水而建。作为有着强烈地域特征的庐陵文化，有着“三千进士冠华夏，文章节义堆花香”之称，优越的自然条件和浓厚的耕读传统造就了人才辈出的地区历史。作为“千古文章四大家”之一的欧阳修后裔聚居地的钓源古村（图1），便是庐陵江右文化的典型代表，其独特的风水格局和理水方式正是村落营造对水这一基本要素完美应用的体现。

图 1 钓源村地理区位

壹 历史人文溯源

钓源古村始建于唐末，有着上千年的建村历史。清代《续修安福令欧阳公通谱》中收录的欧阳修于北宋嘉四年（1059 年）撰写的一篇自述世系文中称，唐僖宗乾符年间（874—879 年），曾任县令的欧阳万，经常往返于安福和吉安之间，见此地群山环抱、土地肥沃、交通便利，便将此地选作将来子孙安家立身之处，取地名为“钓源”。并许下心愿：“后世子孙如繁衍分徙，则将钓源列为首选之地。”及至唐末，烽烟四起，时局震荡，兵荒马乱，在朝廷时任博士、被尊为庐陵欧阳氏肇基钓源的始祖欧阳弘，为远避战火，举家迁往高祖欧阳万择定的生息之地钓源。而与此同时，欧阳弘的二兄欧阳讬则举家迁往庐陵府永丰县沙溪村，名垂千古的北宋文学家、政治家——欧阳修，正是欧阳讬之玄孙。

及至北宋，与欧阳修同宗的欧阳氏后裔在钓源肇基立村，并尊欧阳修为宗，于村中建文忠公祠堂，秉持耕读传统并延续千年。钓源欧阳氏一族民风淳朴，重视教育，先后进士及第九人，明代更是有“一门四进士、兄弟连登科”等名人辈出的事迹。聚居于钓源的欧阳氏家族随着人口的繁衍，分为“仁义礼智信”五派，明清时期建立起多个祠堂与书院，恪守着崇文重教的传统。

后受“东林党案”连累，钓源欧阳氏多弃官经商，及至清代中叶，钓源商贾、票号遍及湖广。富甲一方的欧阳氏将大量财富转运回吉安，营造钓源，钓源村也在此时达到极盛：人口近万，店铺六十余家，此外还有戏园、赌场、跑马场等，号称“小南京”。方圆数百里的官宦富商，经常来这里博彩听戏，品茶饮酒；

作为繁盛一时的乡间都市，远近闻名。后因在清末咸丰年间受太平天国运动战火的波及，以及“文化大革命”破四旧等历史原因的破坏，现存的钓源古村仅余原村落规模不足三分之一，昔日的繁华业已败落、仅在遗存上依稀可辨。

贰 自然环境与理水脉络

钓源村整体格局为山环水绕，名为长安岭的丘陵山体东西向展开，山体高约 9 米，蜿蜒千米，呈东西走向的“S”形，形状酷似道家太极图中分线，将渭溪和庄山分置于太极中心区的“少阴”位和“太阴”位，渭溪村位于长安岭南侧，庄山村位于长安岭北侧。其中庄山村保留有钓源村七成以上的古老民居建筑，是钓源村的主体部分。村落中央循东高西低的地势依次连接着七口贯穿全村的池塘（图 2），北有对门山横陈屏列，与长安岭山脉形成“两

图 2　钓源村村落平面图

山夹一水”的格局，绿荫浓密的樟树和柏树围绕着整个村庄，与村中的十几口池塘形成了八卦中“离”卦的形式，风水学思想对整个钓源村的布局影响由此可见一斑。

钓源村独特的自然环境和山水格局决定了该村建设中的理水脉络。由于吉安地区降雨量充沛，常会引发河水洪涝，所以不同于江南水网地区，吉安地区的村落选址大多会在远离河流或者是与河流保持一定高差的台地上建村，河流既不能穿越村落，同时又要满足村民日常生活对水的需求，因此人工池塘在村落建设中扮演了重要的角色。《阳宅会心集》中也有云：“塘以蓄水，足以荫地脉，养真气”，由此村落整体的建设顺应水塘形态就显得尤为重要。

由于村址北侧地势较高且背靠山岭，具有较为丰富的水资源，成为村落引水的最佳之地，整个村落形成了由东北向西南流向的水系。建村之时，通过北山涵养的山水经人工挖掘的水渠引入村庄（现在改由水库、输水管道引水进村），依东高西低层层跌落汇入庄山村及渭溪村的池塘，以供村民日常生活的所需；水体再向南经村落南部的自然水塘、人工小溪排至梅塘，最终汇入赣江支流的固江。同时村落南侧有大片的稻田，流入村中自然水塘、人工小溪的水又可以为灌溉稻田提供便利条件，最终构成了完备而顺畅的排水系统。

这种利用自然地势、因地制宜的整体理水方式，体现了村民在村落建设和选址的过程中，对周边的地势地貌和山水环境的充分因借，也体现了我国古代“天人合一”传统文化思想的生态智慧。

叁 聚落结构与理水布局

钓源村欧阳氏的祖先在注重理水内在客观规律的同时，也以风水智慧追求寓意着美好和吉祥的愿望。庄山村南北两片民居建筑群之间的七口池塘一字排开、向西而下，与古井组合成“七星伴月”的形态。传统风水学中金星在西方，亦称太白，主宰金钱、财富。因此村民在择地建村时，正是相中这股西流之水，在两旁筑宅，盼望金星高照，给他们带来富裕。这七口连续的大池塘，加之村东、村西以及周边大小不等的池塘，形成了极具特色的池塘群，同时也构成了村落中的主体空间。村落中的民居建筑沿塘而建，形成池塘—街道—住宅的格局，塑造了环水立居的村落结构及优美环境，也构建起了村落内日常活动的交往场所。

东高西低层层跌落的池塘相互贯通，处于最西末尾的池塘装有总闸门。洪涝季节水满为患时，可以开闸放水以保障村民的基本生活不受影响；枯水季节，又可以将池水蓄起，为村民提供日常生活的用水。每层相邻池塘之间通过一个大的闸门和数个小的排水孔进行连通和分隔，因此池塘之间的水位可以根据不同气候条件进行调控。闸门位置的错落分布减缓了池塘之间的水流速度。七口池塘层层跌落、环环相通，池塘的侧壁上还设有与两边村庄道路暗沟相通的排水孔和明沟相连的排水口，保证了院落和街巷的雨水及时排出，使得钓源村呈现“大雨不积水，小雨不湿鞋”的和谐局面。池塘两边的人家也得以将生活废水通过纵横交错的明沟和暗沟排至池塘内，使池塘成为排水集污的枢纽。由于山上溪水不断地注入，池塘之间水流不断流动和排出，于是整个池塘里的水成为活水，保证了生活水质的清洁，由此构成了整个村落的用水和排水系统（图 3）。

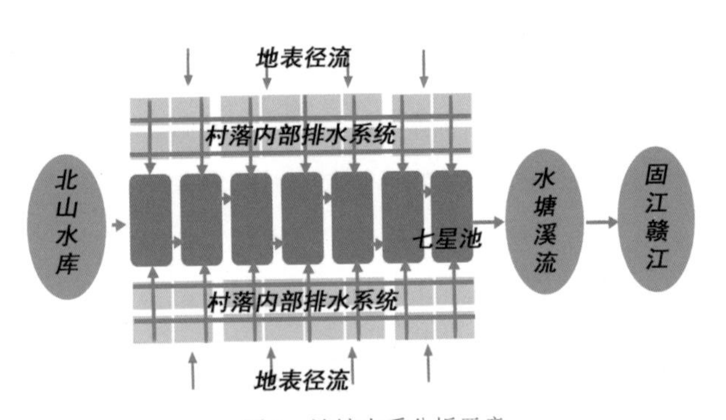

图 3　池塘水系分析示意

池塘边设置有祠堂等重要建筑，建筑前部则留有相对宽敞供人群活动的场地，建有日常生活之用的水井，以及建有石质坐凳等可供人们休憩交流的设施（图 4）。明清时钓源人还在临近池塘之地建戏台、修店铺街市等，构建起了围绕水面且纵向生长的街巷网络，串联起整个村落中民居院落空间。同时，将民居环水而建，有利于形成风的通道，到了夏季风吹来时，会将凉爽清风灌入街巷内，带走村内的炎炎热气，缓解夏季的高温。

图 4　供人交流使用的石凳

钓源村与各地传统村落一样，受自然地形、河流水系等环境的影响，街巷和建筑等的建造随环境变化而变，院落规模、建筑等级、门庭样式等各异，也形成了“歪门斜道”变化丰富的村落空间形象。这样的格局与自然环境以及传统的风水理念有着密切关联，风水学家们按方位和五行关系，推算出人的命相和宅的卦象是相生还是相克。若是相克则要避煞，因为门是决定住宅风水吉凶的关键因素之一，避煞最有效的方法就是调整门的方位，因此村中大多数门虽与墙面相平齐，但门框、门柱都稍有偏向（图 5）。至于“斜道”也是因为遵循了“天道自然”的基本精神，由于钓源的地势是东西走向呈“S”形的山岗环抱，村庄、房屋依山势而建，于是在坐向上则东西南北都有。另外，因为山岗坡度高低不同，走向又有变化，民居建筑就依山势而建，连续的民居建筑墙面，形成了曲折多变的巷道空间和独具特色的喇叭形曲巷。富于变化的山墙之间间距宽者可达 4 米，成为村中居民邻里主要的生活、交流空间。

村中各种设施的建造反映出村民日常的生活轨迹与脉络，如池塘边日常浣洗的石条埠头（图 6）、排水明沟的砌筑、巷道面层的铺砌等，处处体现出使用者与建造者的匠心。顺应地形的高差，村中池塘间堤坝的建设分隔出不同高度的水面，石砌的堤坝构成了村落南北向联系的道路，也构成了村民日常浣洗、晾晒劳作的场所。

图5　门框、门柱稍有偏向的“歪门”

图6　村民日常浣洗所用的条石

整个钓源村的建筑布局独特，以“墙折、路弯、巷曲、分房向祠”的村落形态充分体现了“村座鱼尾，依山就势，面水而居，四方为大”的建村理念。

肆 民居建筑形态脉络

钓源村中保留有大量的传统民居建筑，上可追溯至宋元，下则延绵于明清。村中民居建筑的梁架建构因房屋功能与进深不同而有所变化，有抬梁也有穿枋的建造（图 7），在装饰上亦有木雕、石雕、木刻、石刻、彩绘和镏金字画等。

因村落建设的历史悠久，一脉五派的宗族汇聚，保留有宗祠、家祠、书院多座，普遍顺着青石板铺砌的主体街巷空间而建。钓源村现存九座古祠，均为明清所建，分别为：欧阳氏总祠、仁派宗祠、礼派宗祠、楚畹公祠、明善祖祠、纶祖祠、经祖祠、文忠公祠，其类型亦可归为总祠、房派祠、家祠和用来祭祀欧阳修的专祠（图 8）。

图 7　抬梁与穿斗结合的构造方式

钓源村众多祠堂建筑中等级最高的为欧阳氏总祠“惇叙堂”，位于村落南部，整个祠堂平面为三进格局，沿纵向轴线依次布置下厅、享堂和寝堂。在享堂和寝堂

图 8　村中现存的古祠堂

之间，有连廊连接，成较为特殊的工字殿、双天井的形式，加之前院处天井，前后两进组合呈“品”字形一大两小的天井空间（图 9）。

钓源村现存的民居建筑，多为明清及民国时期建造，一般为 2 层，形态上青砖灰瓦、石料为门，内为砖墙木架结构，外附侧屋。因建设年代跨度大，钓源村民居建筑呈现出丰富的样貌和多样化的建造方式。建筑形态上，既有单层的风火山墙，也有层叠的风火山墙，既有檐部高起的封火山墙，也有平直的骑瓦封火墙；建筑组合上，既有独栋民居建筑，也有院落民居建筑。

在建筑的细部建造上，钓源民居极富地方特色。为保证顺畅排水，檐墙上部设平直的骑瓦封火墙，对应着瓦垄沟开设叠涩口，在功用之上形成装饰形态（图 10）。为解决巷道狭窄造成的采光不足，钓源村民则在民居正门上方多设元宝窗采光。这种元宝窗，除了有通风采光的功能，还可以将屋面的雨水收集，通过内天沟从一侧的滴水槽流向墙外，排入地面明沟使屋檐水不流入屋内，也不滴在门口，同时元宝的形式暗合“招财进宝”的吉祥寓意。

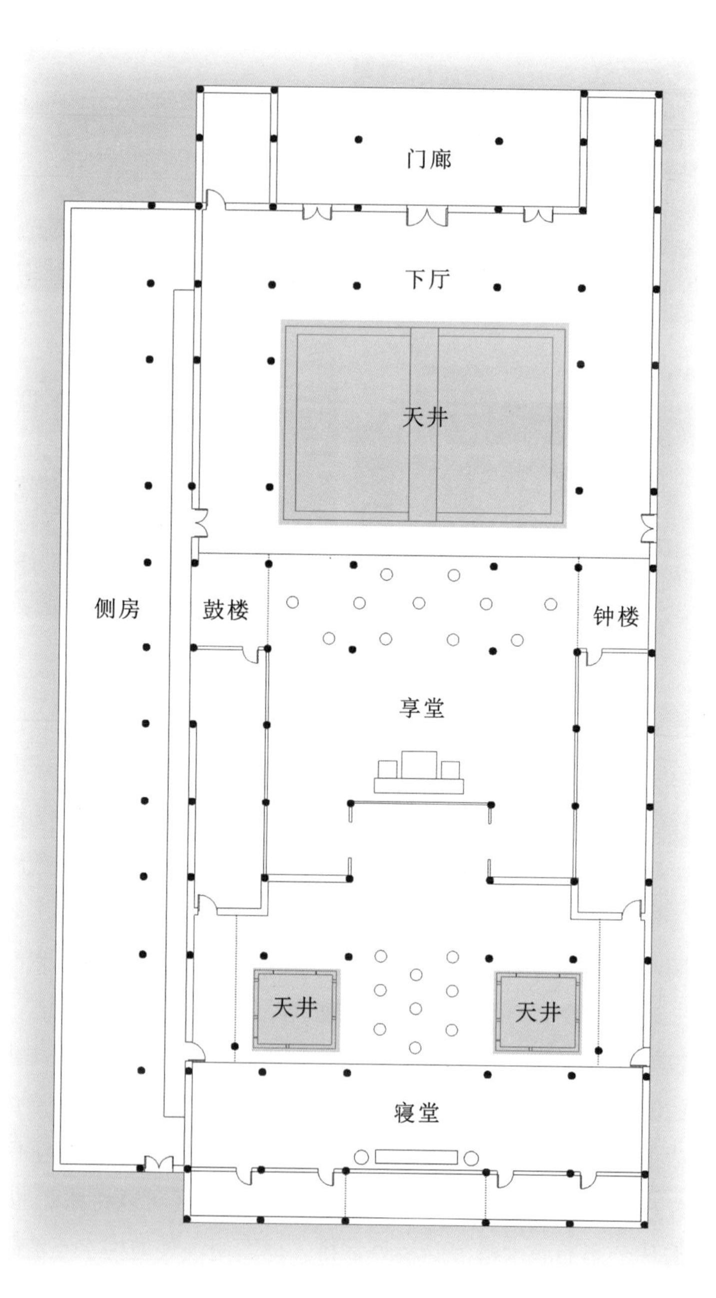

图 9　惇叙堂的“品”字形天井

图 10　开设叠涩口的瓦垄沟

结语

钓源村环水立居的建造方式，与所处的自然环境以及聚居的人文环境密切相关，其村落的建造逻辑与其理水系统紧密对应关联，体现出农耕社会传统生态智慧的核心内涵。它将村民传统的农耕生产方式和生活方式融入当地自然生态环境，因地制宜地构建人与村落、村落与自然和谐相处的水生态环境；在民居建造上，匠心独运，以小见大，处处将其宗族文化等观念融入其中，潜移默化地表达了对自然、对祖先、对文化的崇敬之情。其本身的地理位置和文化内涵，不仅是吉安地区传统建筑特色的荟萃之处，也是赣派传统民居的典型代表。其村落的规模形态与布局结构，在物质形态上体现出传统农耕社会特有的耕读文化和山水情怀，以及农耕人群对理想栖居模式的追求。

参考文献

[1] 邓洪武，邹元宾．庐陵古村群存在的支撑——江西古村落群建筑特色研究之二 [J]. 南昌大学学报（人文社会科学版）,2003(5)：89-94.

[2] 汤移平．欧阳修后裔聚居地——钓源古村探析 [J]. 华中建筑 ,2016(3)：95-98.

[3] 王忙忙，王瑞．传统村落的理水生态智慧——以江西钓源古村为例 [J]. 井冈山大学学报（自然科学版）,2016(6).

[4] 李烨，周世立，邹肖明．钓源寻韵 [M]. 北京：中国文联出版社 ,2002.

[5] 范霄鹏，王天时．溯得醉翁源吉安钓源村乡土田野调查 [J]. 室内设计与装修， 2017(2).118-121.

作者简介

杨泽群，北京建筑大学建筑与城市规划学院，硕士研究生，邮编：100044，E-mail：yzqagg@163.com，北京市西城区展览馆路 1 号。

图片来源：本文插图照片均为范霄鹏拍摄，图 3 为杨泽群绘制，图 1、图 2、图 9 为王天时绘制。

防御与建造

河北蔚县堡寨聚落上苏庄

引言

堡寨是古代乡村社会中人们为避战乱、求安全而采取专门的防御措施营造起来的特殊聚落，是一定历史条件下社会动乱的见证和产物。蔚县位于农耕与游牧文明的交错地带，为穿越太行山交通孔道的外缘地区。由于当地人们的农耕生产、商品贸易、聚居生活与家族繁衍都需要防卫保障，使得该地区建造了大量具有防御功能的堡寨。作为聚落形态的一种，蔚县堡寨既具有一般农耕乡土聚落的共同特征，同时由于产生条件和基址的特殊性，又具有自身的特点。

堡寨聚落形态受社会、军事、经济、文化等因素的影响，聚落空间在建造过程中不断被改造和充实。其中居住与防御是堡寨聚落的两大基本功能，居住是目的，防御是手段。对外防御作为堡寨聚落的首要功能，使得村庄周边建有高大厚实的堡墙以达到与外界隔离的作用；对内则是由民居、宗祠和庙宇等建

筑组成聚居人群的功能保障空间，构成了生活内涵丰富且相对稳定的社会共同体。在堡寨内部对建造的空间进行规划，形成便捷的道路系统，在满足安全防御需要的同时，使其既具有日常生活的便捷，又具有精神生活的场所。

壹 蔚县的防御脉络

发源于山西广灵境内的壶流河由西向东流经蔚县县境，成为人们聚居生产的水源脉络；在地形环境上，从张北高原到华北平原呈现出逐级跌落的三级台地，蔚县位于第二级台地之上（图 1）。明朝初期，蒙古（元朝）势力退守塞外，为巩固明王朝边防，在农牧交错地带修筑城堡、修复长城以及构建军事防御工程。蔚县作为明代边防的要塞之一，是中原农耕民族与北部游牧民族的拉锯斗争地带。由于大部分时间戍边的士兵处于备战状态，屯军逐渐演变为以耕地为主而守备为次的状态，这种耕守的方式影响当地居民的生产生活，且使得不同的民族文化在此交融。蔚县及其附近的居民多以自发的方式修建堡寨，建设相应的防御设施，逐渐形成了许多堡寨型的村落，构成了众多以“堡”、“屯”、“寨”为名的村落集聚。村落有由官方出资建设管理、屯兵驻扎的官堡、军堡，也有民间自发营造的民堡。沿商道或于开阔的农田中建设堡寨，在高大夯土寨墙之内，建设有宅第、寺院、戏楼、民居、商铺、客店和货栈等建筑。堡寨在长期的历史演进过程中，现存大多为黄土夯筑的残垣断壁。

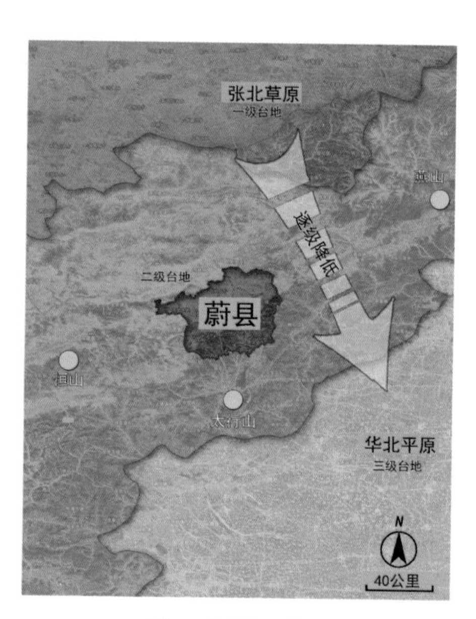

图 1　蔚县地理位置

上苏庄，建于明嘉靖二十二年，距今有 470 多年的历史，是一个崇尚文化、杂姓聚居的民堡，也是蔚县现存最完整的堡寨之一。作为保障堡寨和堡中居民安全的建造，既体现在外部形态上，也体现在内部空间结构上。外围防御体系由夯土的堡墙、厚实的堡门、凸出的马面、高起的三义庙和沟壑土坎等构成，是村堡形态的重要特征和形象。

上苏庄的夯土堡墙围合了整个村庄，结合所处地点的黄土台塬，堡墙的夯筑对自然的沟壑土坎加以利用，从而构成了堡寨防御设施的主体和整个村庄的“硬质”边界。堡寨的墙体为当地的黄土经夯筑而成，堡墙厚达数米，相较于民居建筑的夯土墙体，则堡墙在高度、尺度和比例上均厚实坚固。结合村庄周边四面壁立的高起台塬，一方面形成了防御外敌入侵的坚固屏障，达到“易守难攻”的堡寨防御的建造目的；另一方面通过构筑“高大坚固”的厚实堡墙，达到对外“震慑”的防卫效果。同时厚实的堡墙为其顶部建设祭祀和瞭望等功能建筑提供了基础，从而使得堡墙防御设施具有了更好的防卫效率（图 2）。

堡门作为村庄的出入通道，为维系堡寨安全的关键所在，同时也是防御体系中最为薄弱的部分。出于防御功能和防御方向的考虑，上苏庄只设两门。因堡寨之南为一深沟，不便开门，堡门便设置在方形堡墙的西侧和东侧。为方便与外部道路的衔接，加之受到地形环境的限制，将堡寨的西墙外推，使得堡门向北开设而连接堡外道路；但基于向北防御的建设要求，在堡门处加以处理，通过建设戏台和五道庙压缩堡门外的空间，以达到类似瓮城的防御效力。堡门由青砖包砌夯土墙筑成，以青砖券构成门洞，青砖券洞下部为石砌墙基，开启的门扇在堡门内外均留有空间，便于守卫堡寨时将土填塞入堡门以防止外部的火烧（图 3）。

图 2　高大堡墙

防御体系的建造不仅体现在修筑堡墙等直接、实效的防御设施上，在容纳村民精神生活层面的建造上也有所强调。堡寨之中建设有庙宇，修筑有祠堂，成为人们于社会环境动荡之中祈求平安心理的表达，以此来承载村庄中聚居人群的精神寄托。三义庙等祠堂建筑不仅为宗族提供了心理的安全堡垒，具有精神防卫功能；也因其高耸于面北的堡墙之上，而使其具有瞭望和守卫的功能，也使得堡寨中的人们获得了领域感和归属感（图4）。

图3　堡门形象

图4　村中祠堂建筑

贰 地区的环境脉络

自然环境因素直接作用于上苏庄的选址及规模形态。该地区处在太行山与燕山、恒山交汇处的西北，为黄土高原台塬开阔地带，地势平坦。地形走向自东部南部的山麓处向西北方向倾斜，向南衔接穿越太行八陉之飞狐陉（图5）。台塬东南临近山岭处植被茂密、水资源充沛，受山间峪口流出的泉水溪流滋润，使得该地区自然环境条件相对优越，适宜从事农业耕作生产的同时也因临近贸易商道而具有了人群聚居的优势条件。蔚县上苏庄所在的翠屏山脚地带，拥有良好的农田耕作资源（图6）。村庄选址结合地形，建于高起的台塬之上，四面堡墙下临黄土台地的陡坎，地理位置易于瞭望，又易守难攻。其下地势平坦的农田环绕村庄，绿树成荫、河水清澈，自然环境宜人且便于生产生活（图7）。

图5　自然条件影响村庄选址

图6　村庄周围农田

图7　周边自然环境

在人文环境方面，传统文化体系中的宗法思想对上苏庄的空间布局有所影响。与多数传统聚落的建构规则相似，寺院建筑和祠堂建筑承载着聚居人群的精神生活与信仰，在堡寨聚落中占有主要的位置，成为整个堡寨聚落内部空间结构的中心，突出反映了聚居人群的民俗文化、情感寄托以及精神价值取向。代表着蔚县因其所处的特殊地理区位所形成独特民风、民俗、民情，以及具有浓厚地域文化脉络的信仰观念。因受到社会环境不安定的影响，人们对宗教信仰和保族避祸有着强烈的心理需求，造成了村民建庙、建祠、盖戏楼，来建造寻求平安、遵循礼仪、团结一心的精神场所。

叁 村庄的结构脉络

中国传统宗法等级观念和血缘伦理思想影响村堡外部形态脉络及其内向空间结构脉络，并统合保障堡寨安全的建造需求和堡中村民聚居生活的建造需求。上苏庄村址位于由东南至西北走向的台塬之上，为保证村堡的兴旺发达和满足当地过年时节拜灯山的民俗活动，在南堡墙的中部建有灯山楼，即火神庙，供奉火神。同时在与灯山楼相对的北堡墙上建有三义庙，在堡寨的空间上形成以宗祠为节点的向心聚合形式（图 8）。堡寨内文化类建筑的建设多样，宗祠不仅是村民在空间上的活动中心，而且是村民精神生活的中心。堡寨内外建有多处寺庙建筑，堡门外建有戏台、五道庙和三元宫，进入堡门则建有观音庙。众多寺庙的建设见证了当地文化的繁荣，也凸显出聚居村民“弘义扬善”的愿望。

图 8　村庄内宗教文化建筑三义庙

村堡内东西向主街连接起堡门处的入口空间、中心十字街关帝庙和东堡墙照壁，南北向主轴由位于堡北部最高点的三义庙以及堡南侧的灯山楼控制，并与轴线两侧的民居形成结构等级分明且棋盘状纵横交织的街巷体系。主街的东侧对景太行山峰，顺应地形以山石铺砌街面，便于排水。寨堡的空间格局完整、尺度等级清晰，有村口标志和活动空间，有村中心的公共活动及精神空间，有通行空间也有驻留空间。规整的四合院建筑嵌入道路网络之中，村庄平面形态状如民间的打击乐器——镛锣，因而得名“镛锣堡”（图 9）。

1—戏台；3—五道庙；5—三义庙；7—灯山楼
2—堡门；4—观音庙；6—关帝庙；

10m 30m 50m

图 9　村庄平面图

堡内地势东高西低，地坪之间的高差约 7 米，整个堡寨被分为东西两个区域，在形态上有所差别，并主要体现在街巷尺度和合院规模上（图 10）：西侧部分街道空间尺度较小、房屋建筑的等级较低，主街宽度 3 米左右，无次级巷道，房屋主要为单进院落，个别院落仅东侧有厢房，无倒座；东侧部分主街宽度 5～6 米，巷道纵横，多为四合院，具有典型的北方合院民居建筑特征，各院大门入口方向、形制布局和建筑形态各异，有内外院和连环院，有砖砌和垒石夯土建筑（图 11）。

图 10　村内街巷

图 11　街道两侧合院民居

肆 建造的形态脉络

堡寨聚落是人类利用自然条件、适应特定社会环境的产物，也是自然环境与人文环境相互作用的共同结果，使得军事防御思想、建筑技术与形制布局深刻影响到堡寨的建造形态。同时堡寨聚落在具体的建筑材料、建筑构造方式以及内部空间布局等方面，也表现出相应的特点。生土材料的夯筑技术使得蔚县地区的建筑和堡墙有其建造特色，如上苏庄用生土夯筑墙体，用少量青砖和石块砌筑堡门。堡门外东西两侧用毛石和土坯砖垒建出堡寨入口的标志性构筑物，东侧纤细高耸、西侧方正敦实，有类似笔砚的象征形态，寓意在武强文弱的塞北，上苏庄人对文化的崇尚。堡寨内有建于明清两代的大小四合院60多所，多为一进四合院落形式，其正房朝向也以朝南居多，具有典型的北方民居建筑特征。临主街的四合院规模较大、门楼伟岸且装饰精美（图12），有宅邸、客栈等居住生活功用类建筑，也有公共活动及祭祀的寺庙等精神功能类建筑。

图12　临街四合院精美的门头装饰

堡寨内合院建筑在体量形态、营造方式和建造材料等方面各不相同，合院占地面积大约为三分地或五分地，建筑的规模和开间数对应于居住人口数量，房屋进深根据民居选址的占地大小而变化。在规制上遵循：倒座房进深小于厢房，厢房进深又小于正房，有其在建造上的等级制度；民居建筑的屋顶形式有双坡和单坡屋顶，正房有正脊的双坡顶，也有“四檩三挂”卷棚顶（图 13）；有砖砌墙体、生土墙体，有石块垒砌、土坯砌筑（图 14）；山墙中央部分砌筑手法可采用砖砌、砖包土坯砖、草泥抹面等手法，以不同砌法表现出不同的图案。合院的院墙在建造上，既可作为倒座房或厢房之背墙，又可作为围墙之用，墙顶上常置筒瓦拼制的“瓦花格”装饰元素，形成了丰富多样的建筑造型和界面肌理。由于蔚县产木材少而煤矿多，在建筑材料上便尽量节省木材，而多烧泥制砖。蔚县的砖雕工艺精湛，将砖雕和木雕用于寺庙建筑、民居门楼之上，并将多种材质的建构逻辑、形式逻辑配置得合理严谨，使得整个堡寨从整体到细部都具有独特的空间和实体形态。

图 13　民居屋顶形式

图 14　房屋立面建筑材料

结语

堡寨聚落在选址方面，因山形地势而建，根据自然环境特征选取村庄营建基地，将村庄防御安全性作为聚落建造的外在条件。在内部空间营造方面，以寺院、宗祠和戏台等精神空间为点，建立起空间骨架，形成承载精神和物质生活的聚落空间结构。在建筑材料的使用方面，就地取土并发展出相应的夯筑技术，以少木多土的方式建造民居建筑。基于防御功能的堡寨建造，从村庄整体到建筑单体，在外部形态上构筑起高大厚实的夯土外墙，在内部功能上配置多样化的建筑场所，形成物质防御与精神防御共同构成的堡寨聚落的营建规则。

上苏庄是蔚县众多堡寨聚落的典型，也是该地区民居建筑所形成的面状建造环境中不可或缺的组成部分。从堡寨的布局和空间形制上，从民居的营造和装饰上，都表现出强烈的地方建造特色。厚重的整体形态成为基于防御功能为规整的村落建造。就现状而言，尽管上苏庄具有良好的空间资源和便捷的交通条件，但随处可见的断垣残壁显示出其衰败的状况，区域资源的同构使其很难实现空间形态资源的价值转化。上苏庄的现状反映出蔚县众多堡寨与当代社会经济发展状况之间的不协调，同时也揭示出不能将旅游作为解决传统村落衰败现象的唯一途径，传统村落的复兴应该从更大的区域层面去探索其路径和方式。

参考文献

[1]《天津 河北古建筑》编写组．天津 河北古建筑 [M]．北京：中国建筑工业出版社，2015.

[2] 中华人民共和国住房和城乡建设部．中国传统民居类型全集（上）[M]．北京：中国建筑工业出版社，2014.

[3] 谭立峰．河北传统堡寨聚落演进机制研究 [D]．天津大学，2007.

[4] 范霄鹏，李尚．蔚县上苏庄寨堡聚落田野调查 [J]．室内设计与装修，2017（1）：116-119.

作者简介

侯凌超，北京建筑大学建筑与城市规划学院，硕士研究生，邮编：100044，E-mail：1512133812@qq.com，北京市西城区展览馆路 1 号。

图片来源：本文插图照片均为范霄鹏拍摄，图 1、图 5、图 9 为李尚绘制。

资源条件与聚落生长
管涔山区的悬空聚落

引言

乡土聚落是人类定居后在自然环境中呈现的物质空间形态，是在多重自然环境要素驱动下完成的选址、布局、建造等营建过程，并且是将自然环境转化为人工与自然相结合的环境。聚落的建造体现出所在地区的环境资源条件，聚落的空间结构源于基地环境条件及聚落生长的过程，自然环境资源状况是聚落的规模及其建造的基础。

农耕社会的自然资源是人群肇基筑业、繁衍生息的支撑，人们通过耕作从自然中获取生存资源，从而形成了不同规模和形态的聚居空间。农业生产对自然资源条件的依赖性较强，人们在适应所处地区自然的同时，改造和利用自然资源为己所用以满足日常生产生活的所需，也将其聚落生长的过程投射在空间建造之上，通过获取和加工的环境资源进行建造并融于环境之中。

壹 管涔山区自然资源之形

晋北地区地处东亚季风区，冬季低温干燥，夏季高温湿润，属温带大陆性气候，作为高山寒冷干燥区，冬季寒冷、多风。该地区多山地高原，山地降水较多，迎风面降水量大于背风面。晋北地区位于山西高原北部，东倚太行山脉，西临黄河险滩，北界塞北长城，南望太原盆地，四界几乎全为山河所环绕。境内地形以山地、丘陵为主，山脉统属阴山山脉余支，多为东西走向且阳坡陡峭、阴坡平缓，地形复杂，山体植被资源丰富。

管涔山区位于晋北山区的西部，地处黄土高原东侧、吕梁山脉北端，平均海拔 1800 ～ 2000 米（图 1），黄河第二大支流汾河即发源于此，有“汾源灵沼”之称。汾者，大也，充沛的水量使汾河在山西历史上留下了大量的古湖泊、古泉眼，穿行于崇山峻岭之中，其流域两侧多泉水出露。泉水是地下含水层或含

图 1　远观管涔山脉

水通道与地面之间交接出现地表裂缝后露出的天然露头，是地下水涌现的一种重要方式。泉水的出露点多位于山区环境之中，尤其是山顶之上或接近于山顶的位置泉水出露点居多。由此形成许多依泉而建而兴的民居聚落，较为著名的有晋祠泉、兰村泉、洪山泉等。

管涔山区由于降雨量相对较大，森林种类较多且蓄积量大，多集中于山麓和山体北坡；而石质山体上及南坡为葱翠的亚高山草甸，因局部地点的含水蓄水条件不同，而呈现出疏林草甸，生长有苔草、嵩草、蓝花棘豆等亚高原草甸灌木，形成得天独厚的高山草甸天然牧场（图 2）。南北朝时期敕勒一族生息于此，史料记载："茂林而多草，山围多河流。"管涔山区峰峦丛峭，环簇主峰芦芽峰 200 余座，并且山麓间沟壑纵横，夏季山间飞瀑直下，林木茂密、水草丰沛；冬季瑞雪初降，云海茫茫、峰峦奇峻。唐代诗人杜审言曾有感于清真山的高险"石门千仞断，迸水落遥空。道束悬崖半，桥欹绝涧中。"

图 2　管涔山脉的茂林草甸

晋北紧邻北方游牧民族，自汉时起匈奴与中原对立的局势即已形成。悬空村的村民择山南山腰而居是躲避战乱的安全屏障，位居高处也是抵抗外族劫掠的有利因素（图 3）。

图 3　管涔山势陡峭

管涔山主峰芦芽山也是两条大河的分水岭，西南属汾河、西北属恢河，河流交汇处水量充沛，山区内地形十分复杂且拥有多样的自然地貌。管涔山是我国北方少有的集自然资源和人文资源于一体的森林山区，在远古时代就生长着茂密的原始森林，虽历代均对山林进行大规模砍伐破坏，但其林木总量依然可观。丰沃的自然资源及环境是聚落成型的基础，也是聚落繁衍生息的重要保障。山区海拔高差悬殊，达 1441 米，随海拔高差的变化，山地植被的垂直分布现象明显，自上而下划分为四个层带，依次为：亚高山灌丛草甸带，以云杉、华北落叶松居多的高中山针叶林带，以桦、杨、华北落叶松见常的中山针阔叶混交林带，以及灌草丛与农垦带（表 1）。

表 1　管涔山山地植被由上至下的四个层次带

海拔	植物垂直分布带	土壤类型	生长植物
2600 ～ 2800 米	亚高山灌丛草甸带	亚高山草甸土	苔草、车前、老鹳草、马先蒿等
1900 ～ 2600 米	高中山针叶林带	棕壤	云杉、华北落叶松等
1600 ～ 1900 米	中山针阔叶混交林带	淋溶褐土	桦树、杨树、华北落叶松等
1000 ～ 1600 米	灌草丛与农垦带	栗褐土	农作物、灌木

管涔山区丰富的自然资源及独特的资源形态为村落的成长提供了良好的环境，为聚落的形成、发展奠定了良好基础，也为山区聚落的空间结构及生长模式创造了条件。

贰 聚落向资源生长之势

悬空栈道先于悬空村的建设。隋唐时期佛教盛行，管涔山地区自隋唐起逐渐发展为佛教圣地，清真山中有许多利用其岩层特性修建的普应寺、仙人洞、观音庙等悬空寺庙，曾建佛寺 300 余座，现存唯有云际寺、太子殿二者，寺院多建于山腰或顶端，后为方便各悬空古刹间交通，修筑悬空栈道。栈道悬于半山腰，附于清真山的九峰一山之间，横向随山势曲折蜿蜒、连绵不绝。栈道的材料选自当地产量丰富的华北落叶松，在峭壁上凿孔并取落叶松树干夯入其中做柱，在柱子上架起与之垂直的主梁，主梁也是一段段的木桩，主梁木桩的衔接点搭在柱子上。部分地方山体陡峭，为了加固结构，较陡峭处柱子内侧会多加一根柱子，并在主梁上搭接次梁。栈道的路面铺圆木整齐架列于木桩支架之上（图 4）。山中气候潮湿，由于栈道通体材料为木质易腐败，需定期更换维护。“开塞随行变，高深触望同。”栈道既是连接村落与外部世界的交通要道，也是连接村落内部各功能的通道，随山势起伏，曲折之中连接起“带状”村落的东西两端，错合出尺度宜人的公共空间，形成了丰富的街巷空间形态（图 5）。

图 4　悬空栈道的构造
图片来源：《山西古村镇系列丛书——悬空古村》

图 5　悬空栈道错合出灵活的街巷空间

高险的栈道旁有泉眼生长于半山，泉水汇集于汾河，泉水自山顶奔流而下。《山西通志·山川卷》中记载清真山“山殊郁秀，形似屏，巅有泉垂下，悬珠喷玉，号为水帘山”。临此泉水而架设栈道，悬空村由此落成。林泉滋润而藏风聚气，灌溉了清真山广袤的松林与层叠的梯田，养育了世世代代生活于此的村民（图6）。传统聚落在选址上的规则，是关注泉眼的位置及水量的多寡，并在营建村落时围绕泉眼展开，形成以泉眼为中心而民居建筑逐渐向外扩展的空间组织方式。为了满足全村就近取水需要，民居在建造时靠近泉井并在其周边留出开敞空间，形成聚集劳作和交流的活动空间。由于泉井的位置决定了村落中心空间的所在，泉水量的多寡决定了人们生存质量，由此村民格外重视对泉眼的保护，甚至产生信仰的崇拜，反映在建造上则是在泉眼处砌石围护，在泉眼上加盖龙王庙，并在庙宇上赋以村落中最高规格的建筑装饰（图7）。

图6　悬空村落的落水崖壁

图7　悬空村中的龙王庙

无论乡村聚落还是城镇聚落，其形态都是在特定的自然地理条件及人文历史发展的影响下逐渐形成的。管涔山区丰沛的泉水资源是聚落生长的重要先决条件，且由于地处河流源头，水量充沛，水质甘泉如醴；层峦叠嶂在时局动荡的年代为村落的安全提供保了障；丰富的林木资源提供了充足的建造材料。因此，充沛的自然资源促使悬空村寨应运而生，并传世至今。

叁 聚落空间结构之境

悬空村悬于半山腰，掩映于层荫之中，倚山望云，在自然山水中留下了人工建造的痕迹。现存晋北悬空村共有三个：王化沟村、五华山村、曹家梁村，其中王化沟村为风貌较完整的悬空古寨。

相传明洪武年间，以王姓兄弟为首的数十名山西洪洞县人来此躲避战乱戕害，依山形地势、原有栈道立悬空村。明亡之年，清军大举入关，崇祯皇帝将子女遣散，四皇子逃至管涔山深处翔凤山主峰的普应寺，其随从在普应寺周围聚居成村，形成较具规模的悬空村寨。清代因受帝王统一教化，因而易名为王化沟村。村落地处管涔山区清真山中，位于清真山著名的“九峰一山”中的翔凤山山腰，村落选址负阴抱阳，其北侧上靠悬崖，背山阻挡北部的风沙而藏风纳气；南侧朝向汾河支流流经的峡谷地带。围绕山泉水源依山势而横向布置形成沟通村落东西的骨架道路，村落形态由此也呈现出“带状”。

在王化沟村的众多泉眼中使用较为频繁的有三处泉眼，分布村东侧、西侧及中部偏北侧。东侧的泉井为祭拜龙王之用，水井用经石活打制的花岗条石砌筑，并于其上搭盖独立建筑，建筑为清代悬山样式，因其为全村生存之源而富丽优美，以屋脊鸱尾、虎头瓦当、莲花滴水为全村建造装饰等级最高者；中都偏北侧泉井为使用频率最高的泉井，且居于村落内较开敞的山坳处，故将村落平面形态拉成“几”字形（图 8）。

整个悬空村建于半山腰的崖壁之上，依村中的悬崖落水之处沿山体等高线与栈道之走势向两侧展开，形成东西向贯穿村寨的空间骨架街巷，线性布置全长约 450 余米，随山形就地势而架立，如山地草甸上生长出来的村落居所。村

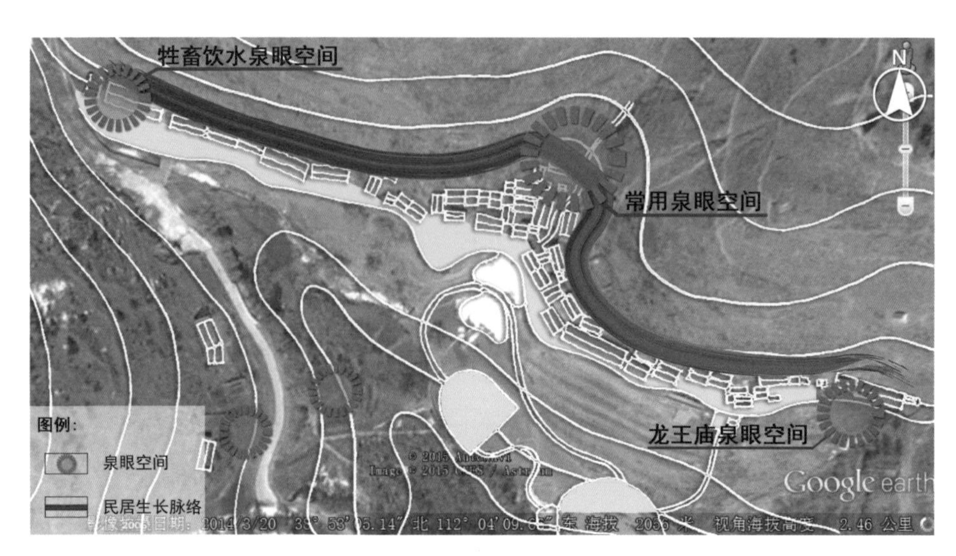

图8　泉眼与聚落形态

落中心有一条爬坡小道与悬空栈道垂直相接，构成了村落中一长一短、一横一纵的空间结构。由于村落背靠陡坡，骨架街巷依靠木柱支撑悬空架立，栈道通体实木，形成倚靠山体的原木“空中栈道”，从山麓仰望悬空架立的木柱参差不齐如千脚落地，而整个村落恰似凌空楼阁，雄伟高耸且层叠舒展（图9）。

图9　悬空栈道凌空架立

村落的三个重要节点空间：东侧龙王庙空间、寨门入口空间和村落中心空间，由悬空栈道串联而成（图 10）。村落入口建在东侧的陡坎处，入口道路为细碎的石子路通过石砌和木梯盘桓曲折而上登达寨门，寨门入口约 1.5 米见方，仅容两人通过，沿阶而上进入二层瞭望平台，以此强调寨门的防御功能。全村仅此一处入口且寨门形势险要，可谓易守难攻。于落水崖壁之上、由泉水滋养的大树枝叶繁盛，夏季绿荫如盖，老人围绕苍翠欲滴的大树喝茶聊天，形成了村落中心的休憩空间（图 11）。由于地形资源的限制，村落中的主要交通即为栈道，真正意义的公共空间仅树下一处较为开敞的场地，门前檐下与栈道错合处的空间也是三两村民闲聊的场所，山对面的林海松涛即为交往活动中重要的环境设施。

悬空栈道东西贯通作为村落发展轴线，串联起村落几处重要节点空间，民居围绕“点”与“轴”顺山势展开。村落生长范围为泉井所限，形态由栈道而界，空间上随自然形态的多样而产生变化，体现出传统聚落向自然资源而生的发展模式。

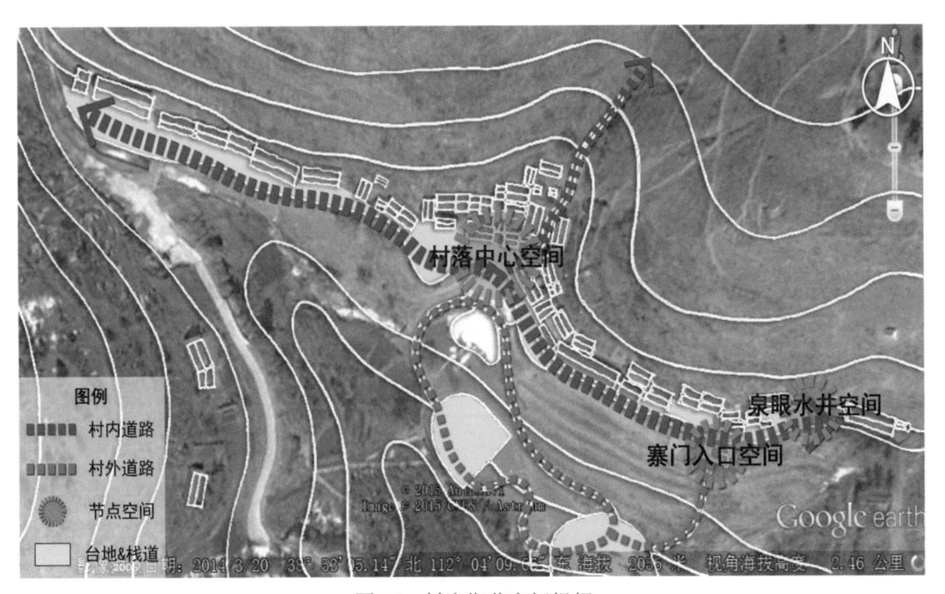

图 10　村庄街巷空间组织

图 11　村落中公共休憩空间

肆 单体依资源生长之质

民居建筑的单体样式无关于形式与派别，只因适应自然地形、气候条件所致。悬空村的乡土民居随山坡的势、就地点的形而建，沿悬空栈道错落呈带形布置。由于地形资源独特，山体坡度较大，无法直接承受建筑荷载，故于峭壁之上凿孔开洞，夯入木桩，找齐平面，形成以桩为基础的吊脚房屋。山势曲折，建筑于半山腰因地就势随栈道展开，建筑朝向顺应山体，尺度相似，开阔处建以合院，栈道与山体之间浅狭之处建以“一”字形长屋，地势高低虽略有不同，但形制统一且形成韵律，形成错落有序的街巷界面。保存完好之合院民居共计 6 处，围绕以泉眼为中心的村落公共空间布置（图 12），其余“一”字形建筑沿山势分布在合院建筑两侧。民居建筑中既有沿等高线水平展开，也有攀等高线而上，融合了微地形的高差起伏，形成了体量错落有致、屋顶层层叠叠的民居建筑群。

图 12　民居围合形制

管涔山区丰富的林木资源为悬空村内的民居建筑营造提供全部建造资源，所用之木、土、石皆源于此。一方面管涔山区林木资源丰富，拥有大量华北落叶松及云杉等建造材料，满足建造材料标准；另一方面，村落地理位置偏僻，交通不便，材料的运输成本较高，故悬空村民居建造均遵循就地取材的原则。原生落叶松等木料由于其耐腐蚀性、抗拉抗压强度较高，作为主体结构建造材料，经加工制为梁、柱、檩形成主体框架结构，并辅以穿枋、斗枋等建筑元素。而其围护结构墙体以木、石、泥等材料为主，其做法有：原木、石砌、夯土、木骨泥墙、石骨泥墙等。石骨泥墙砌筑方法是以花岗岩与石灰岩为主要石料，经简单的石活加工成大小、形状相似的块状石材。将形状方正的大石材摆砌成墙体，起支撑作用；于石材间隙中穿插细碎石料，起加固与填充作用；有别于干摆做法，在墙身灌入混以砂土与秸秆的混合砂浆，起加固作用；最后在石材表面以混合黏土、秸秆与蒿草碎屑等材质的泥浆抹面，起防风保温之用（图 13）。另外石材摆砌方式分为两种：块石水平摆砌；块石斜向 45 度摆砌。两种摆砌方式的建造原则为：上下、左右之石材保证相互垂直，呈“编织状”。此种做法墙体结构稳固，形成粗犷的肌理（图 14）。

图 13　石骨泥墙砌筑方法

图 14　块石摆砌建造方法

在民居建筑单体的建造过程中，巧妙利用了木桩找平建造平面，根据用地尺度选择建筑形制，灵活运用了既有的建造材料：抗拉强度较高的华北落叶松做承重构件；木质轻软的云杉做雕刻装饰；坚固的磐石做围护结构；山区的砂土黏性强且易于取材，混以秸秆和水，配合石块，形成遮蔽风雨且保温良好的墙体结构。

结语

循水溯源，将水资源的量与质作为聚落选址的先决条件；审度地貌，充分利用基地的形与势布局空间；就地取材，选取村落周围土、石、木、竹等原生资源作为建造材料，依此完成从聚落选址至村落交通、公共空间营造直至民居单体建造的营建过程。在自然资源条件下的传统聚落营建，民居单体顺应山势、随形而建，层叠错落的屋顶仿佛融峰峦陡峭中于无形，化人工劳动产物于自然山水一体。

在悬空村寨形成的过程中，与晋北丰富的山体资源、植被资源及泉水资源等自然资源密不可分。人们对自然环境条件的利用方式深刻地影响着村落的形成，传统村落因环境而生、向资源而长，其选址、规模、空间结构及民居单体均受惠于资源条件。管涔山区的悬空村随地势而生、破地形而立，犹如大山中生长出的村落，其独特形态成为资源条件引领下的物质空间与自然空间紧密结合的传统村落典型代表。

参考文献

[1] 孔亚暐，张建华，赵斌，刘润东．新型城镇化背景下的传统农村空间格局研究——以北方地区泉水村落为例［J］．城市发展研究，2015(02)：44-51.

[2] 周婷．北方泉水空间典型模式语言研究［D］．山东建筑大学，2014.

[3] 张青瑶．清代晋北地区土地利用及驱动因素研究［D］．陕西师范大学，2012.

[4] 张慧芝．明清时期汾河流域经济发展与环境变迁研究 [D]．陕西师范大学，2005.
[5] 彭一刚．传统村镇聚落景观分析 [M]．北京：中国建筑工业出版社，1992.
[6] 薛林平，刘捷，徐彤等．山西古村镇系列丛书——悬空古村 [M]．北京：中国建筑工业出版社，2011.
[7] 侯文正，张林，王明义等．管涔山志 [M] 太原：山西人民出版社，2003.
[8] 范霄鹏，邓啸骢． 晋西北山区村落建构类型田野调查 [J]． 古建园林技术，2015 (02)：50-54.

作者简介

范霄鹏，北京建筑大学建筑与城市规划学院，教授，邮编：100044，E-mail:anebony@vip.sina.com，北京市西城区展览馆路 1 号。

张晨，北京建筑大学建筑与城市规划学院，硕士研究生，邮编：100044，E-mail:summerzhangchen@foxmail.com，北京市西城区展览馆路 1 号。

图片来源：本文插图除标注外照片均为范霄鹏拍摄，表 1、图 10、图 12 为邓啸骢绘制，图 8 为张晨绘制。

《筑苑》丛书征稿函

《筑苑》丛书由中国建材工业出版社、中国民族建筑研究会民居建筑专业委员会和扬州意匠轩园林古建筑营造股份有限公司筹备组织，联合多位业内有识之士共同编写，并出版发行。本套丛书着眼于园林古建传统文化，结合时代创新发展，遵循学术严谨之风，以科普化叙述方式，向读者讲述一筑一苑的故事，主要读者对象为从事园林古建工作的业内人士以及对园林古建感兴趣的广大读者。

征稿范围：

园林文化、民居、古建筑、民族建筑、文遗保护等。

来稿要求：

文稿应资料可靠、书写规范、层次鲜明、逻辑清晰，内容具有一定知识性、专业性、趣味性，字数在5000字左右。请注明作者简介、通讯地址、联系电话、邮箱、邮编等详细联系信息。稿件经过审核并确认收录后，会得到出版社电话通知，图书出版后，免费获赠样书一本。

所投稿件请保证文章版权的独立性，无抄袭，署名排序无争议，文责自负。

QQ咨询：455242123　　投稿邮箱：zhangqu@jccbs. com

深圳市绿雅园艺有限公司成立于1997年，注册资金5090万元，目前已成为一家集生产、贸易、园林设计、施工及养护于一体并初具规模的国家城市园林绿化企业，已经先后获得城市园林绿化一级资质、市政公用工程施工总承包三级资质、造林工程施工乙级资质、林业有害生物防治丙级资质、环卫作业、清洁服务资格丙级资质、深圳市白蚁防治三级资质。

公司拥有雄厚的专业技术力量，现有高、中级职称技术专业管理人员60多名，各种园林器械、设备齐全，具有承接大型综合性园林工程的能力。目前公司已通过ISO管理体系认证，并连续多年评为“广东省守合同重信用企业”、“中国园林绿化AAA级信用企业”。

公司还热衷于参加各种园林盛会，自主设计施工的“花园城市生态家园”、“客家新居春意浓”分获深圳市第十、十一届迎春花卉展览艺术园景二等奖和一等奖，“客家新居”荣获第五届中国国际园林花卉博览会室外景点优秀奖。“东方威尼斯园林景观工程”、“深圳京基100大厦周边及架空层环境景观工程”等多个项目被中国风景园林学会评为“优秀园林绿化工程金奖”，“湖南·众一桂府园林景观工程”等多个项目被评为广东省、深圳市优良样板工程金奖，同时多年度被评为“公共绿地养护优秀企业”、“ 全国优秀园林企业”。

随着公司的不断发展，我们将以争创名优花卉园林企业为目标，坚持“质量、信誉、效益、服务”的经营理念，“从严、从细、从实”的工作方针，严格遵守“尊重、执行”的管理原则，努力创造更大的经济效益和社会效益，回报社会，服务社群。

Landes

朗迪景观建造（深圳）有限公司为港资全资（独资）企业，成立于2004年4月，注册资金2600万元。2015年获得国家城市园林绿化企业一级资质，并取得了CQC的质量管理体系、环境管理体系及职业健康安全管理体系认证。现为中国风景园林学会会员单位、中国中小企业3A级诚信企业、广东省风景园林协会理事单位、深圳市风景园林协会会员单位、广东省园林绿化4A级信用企业、广东省守合同重信用单位。荣获深圳市园林管养优质样板工程金奖、深圳市风景园林优质样板工程银奖等奖项。

公司拥有优质苗木基地800亩。业务范围涉及公园建设、道路绿化、社区住宅小区环境建设、厂矿企业办公区域、酒店环境建设以及苗木生产销售、绿化养护等，项目分布广州、深圳、海南、贵州、杭州、广西等地。

安徽奥申园林有限责任公司

安徽奥申园林有限责任公司原是20世纪60年代初成立的园林绿化专业队伍，从事马鞍山市城市园林绿化建设及园林养护工作。2002年获中华人民共和国住房和城乡建设部园林绿化一级资质,公司同时具有市政总承包三级、古建筑专业承包三级资质。2007年公司改制变更为安徽奥申园林有限责任公司，注册资金为11818万元，主要从事绿化工程施工、市政、古建筑工程施工、园林景观、园林规划设计、园林绿地养护、苗木花卉生产和经营等业务，市场经营范围覆盖全国二十多个省市自治区。

目前公司拥有一、二级建造师26人，各类高、中级技术职称管理人员55人，高、中级技术工人160余人，公司设备齐全，现有各类车辆、小型园林机械66辆（台）。

安徽奥申园林有限责任公司以“质量求生存、信誉谋发展”为宗旨，通过先进的管理理念、严格的施工管理，为广大客户提供园林建设服务。多年来公司先后承建全国各地大型园林景观工程100余项，合格率达100%，在行业内享有较高的信誉。公司先后通过了ISO 9001质量体系认证、环境管理体系认证、职业健康安全管理体系认证，并多次获得省级“重合同守信用”单位称号和国家级的各类荣誉。

选择奥申就是选择亲近自然。奥申公司一定竭尽全力，为您营造一个理想美好的环境空间。

政府监督是工程质量的保证
严格管理是工程质量的关键
规范施工是工程质量的基础
精品设计是工程质量的灵魂

地址：安徽省马鞍山市雨山区西园路88号
电话：0555-2323922
传真：0555-2324529
网址：http://www.ahasyl.com